数控加工
工艺与编程

●●●●●●●●●●● 李 锋 朱亮亮 主编

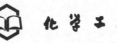
化学工业出版社
·北京·

图书在版编目(CIP)数据

数控加工工艺与编程 / 李锋，朱亮亮主编. —北京：化
学工业出版社，2019.1（2023.1 重印）
ISBN 978-7-122-33285-1

Ⅰ.①数… Ⅱ.①李… ②朱… Ⅲ.①数控机床-加
工-职业教育-教材②数控机床-程序设计-职业教育-教
材 Ⅳ.①TG659

中国版本图书馆 CIP 数据核字（2018）第 258276 号

责任编辑：王 烨 文字编辑：陈 喆
责任校对：宋 夏 装帧设计：刘丽华

出版发行：化学工业出版社（北京市东城区青年湖南街 13 号 邮政编码 100011）
印 装：北京七彩京通数码快印有限公司
787mm×1092mm 1/16 印张 10½ 字数 231 千字 2023 年 1 月北京第 1 版第 5 次印刷

购书咨询：010-64518888 售后服务：010-64518899
网 址：http://www.cip.com.cn
凡购买本书，如有缺损质量问题，本社销售中心负责调换。

定 价：49.00 元 版权所有 违者必究

Foreword
前言

随着科学技术的发展，数控机床在机械制造业中的应用越来越广泛，也为智能制造的发展奠定了坚实的基础。数控加工工艺与编程是数控机床应用的关键，熟练运用工艺与编程知识对促进工业发展有着极其重要的作用。

本书以项目任务式驱动、知识技能型学习为主线，详细介绍了数控机床、数控系统和数控编程基础，数控车削工艺及编程，数控铣削工艺及编程等方面的内容，并通过大量案例介绍了数控加工工艺及加工指令在生产实践中的应用。本书编写人员均为"双师型"教师，他们在实际工作中积累了丰厚的工程实践和教学经验，兼顾实用性与先进性，紧扣生产实际，为本书内容增添了鲜明的特色。同时，在本书课后附有大量课后练习，极大地方便了教师的教学。

本书可作为各高职院校、高级技工学校、技术学院和技师学院的数控技术、机电一体化和机械制造等专业的教材，也可供企业从事数控加工的工程技术人员学习参考。

本书由陕西航天职工大学李锋、杨凌职业技术学院朱亮亮主编，陕西航天职工大学苏伟宏、杨凌职业技术学院付建军副主编，西北工业集团孟群歌、杨随刚参加编写，全书由李锋统稿。付建军、孟群歌、杨随刚编写了本书的第1章、第2章，李锋、朱亮亮编写了本书的第3章，苏伟宏编写了本书的第4章。在编写过程中得到西安工程技师学院高光明，陕西航天职工大学王红珠、张瑛、郑欣、李正泽、许梦芸的帮助，在此深表谢意。

由于作者知识水平所限，书中疏漏之处敬请同行及读者不吝指正。

编著者

Contents
目录

第1章

概述

数控机床产生于 1952 年，发展至今数控系统经历了早期的硬件数控系统和现代的计算机数控系统两个阶段。硬件数控系统主要由电路的硬件和连线组成，它的特点是具有很多硬件电路和连接结点，电路复杂，可靠性不好。计算机数控（computer numerical control，CNC）系统主要是由计算机硬件和软件组成的，它最突出的特点是利用存储在存储器里的软件控制系统工作。这种系统容易扩大功能，柔性好，可靠性高。

1.1 数控机床的工作原理

数控加工就是根据零件图样及工艺要求等原始条件，编制零件数控加工程序，并输入到数控机床的数控系统，用以控制数控机床中刀具与工件的相对运动，从而完成零件的加工。数控加工原理如图 1-1 所示。

① 根据零件图样要求确定零件加工的工艺过程、工艺参数和刀具参数。

② 用规定的程序代码和格式编写零件数控加工程序。可采用手工编程、自动编程的方法完成零件的加工程序文件。

③ 通过数控机床操作面板或用计算机传送的方式将数控加工程序输入到数控系统。

④ 按数控程序进行试运行、刀具路径模拟等。

⑤ 通过对机床的正确操作及运行程序来完成零件加工。

图 1-1　数控加工原理

1.2 数控机床的组成

数控系统一般由输入/输出装置、数控装置、驱动控制装置、机床电器逻辑控制装置四部分组成，机床本体为被控对象。数控机床的组成见图1-2。

输入装置将数控加工程序等各种信息输入数控装置，输入内容及数控系统的工作状态可以通过输出装置观察。

数控装置是数控系统的核心，它的主要功能是：正确识别和解释数控加工程序，对解释结果进行各种数据计算和逻辑判断处理，完成各种输入、输出任务。

驱动控制装置位于数控装置和机床之间，包括进给轴伺服驱动装置和主轴驱动装置，进给轴伺服驱动装置由位置控制单元、速度控制单元、电动机和测量反馈单元等部分组成，它按照数控装置发出的位置控制命令和速度控制命令正确驱动机床受控部件(如：机床移动部件和主轴头等)。

机床电器逻辑控制装置也位于数控装置和机床之间，接收数控装置发出的开关命令，主要完成机床主轴选速、启停和方向控制功能，换刀功能，工件装夹功能，冷却、液压、气动、润滑系统控制功能及其他机床辅助功能。其形式可以是继电器控制线路或可编程序控制器（PLC）。

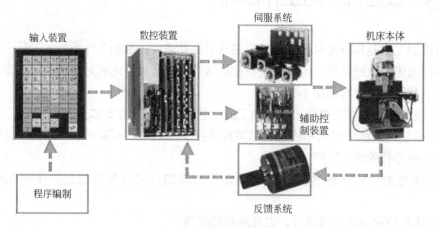

图 1-2　数控机床的组成

1.3 数控机床的分类

（1）金属切削类数控机床

这类机床和传统的通用机床一样，有数控车床、数控铣床、数控磨床、数控镗床以及数控加工中心等，见图1-3~图1-7。加工中心是带有自动换刀装置、在一次装卡后可以进行多种工序加工的数控机床。

图1-3　数控车床

图1-4　数控铣床

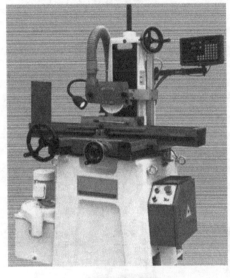

图1-5　数控磨床

图1-6　数控镗床

图1-7　数控加工中心

（2）金属成形类数控机床

如数控折弯机、数控弯管机、数控回转头压力机等，见图1-8和图1-9。

图1-8　数控折弯机

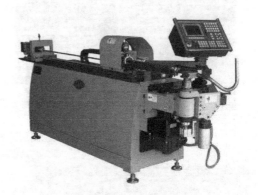

图1-9　数控弯管机

（3）数控特种加工及其他类型数控机床

① 按工艺用途分类　数控线切割机床、数控电火花加工机床、数控激光切割机床、数控火焰切割机床等，见图1-10～图1-13。

图1-10　数控线切割机床

图1-11　数控电火花加工机床

② 按运动的方式分类

a. 点位控制数控机床　被控对象只能由一个点到另一个点做精确定位。定位精度和定位速度是该类系统的两个基本要求。这类被控对象在移动时并不进行加工，所以移动的路径并不重要，而达到定位点后才进行各种加工。使用这类系统的数控设备有坐标镗床、数控钻床和数控冲床等，见图1-14。

图1-12　数控激光切割机床

图1-13　数控火焰切割机床

b. 直线控制数控机床　被控对象不仅要实现由一个位置到另一个位置的按直线轨迹精确移动，而且在移动过程中，同时要加工。因此要求该类系统移动速度均匀，它的伺服系统均要求有足够的功率、宽的调速范围和优良的动态特性。这类数控设备有数控车床、数控镗床、加工中心等，见图1-15。

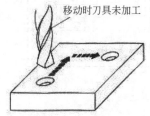
图1-14　点位控制数控机床

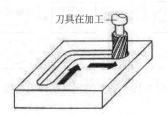
图1-15　直线控制数控机床

图1-16　轮廓控制数控机床

c. 轮廓控制数控机床　该类系统能对两个或两个以上的坐标轴同时进行控制，实现任意坐标平面内的曲线或空间曲线的加工，它不仅能控制数控设备移动部件的起点与终点坐标，而且能控制整个加工过程每一点的速度和位移量，能控制加工轨迹。这种系统在加工过程中需要不断地进行插补运算，并进行相应的速度与位移控制。这类数控设备有数控铣床、数控磨床等，见图1-16。

③ 按伺服系统的类型分类　按伺服系统工作原理可分为开环控制系统、半闭环控制系统和闭环控制系统等。

开环控制系统用功率步进电动机作为执行机构。开环控制系统具有结构简单、成本低廉、调整维护方便等优点。但开环控制系统由于不能对传动误差进行补偿而精度比较低，见图1-17。

图1-17　开环控制系统结构框图

半闭环控制系统在驱动电动机轴上装有角位移检测装置，并将角位移检测器和驱动电动机做成一个整体。通过监测驱动电动机的转角间接地测量移动部件的直线位移，并反馈至数控装置中。这种系统实用性强，正在广泛应用，见图 1-18。

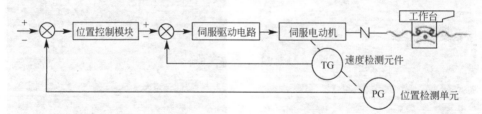

图 1-18　半闭环控制系统结构框图

闭环控制系统是在控制设备运动部件位置上直接装上位置检测装置，并将检测到的实际位移值反馈到数控装置中，与输入的指令位移值进行比较，用偏差值进行伺服系统的控制。闭环控制系统能够补偿各种误差，有高的精度，见图 1-19。

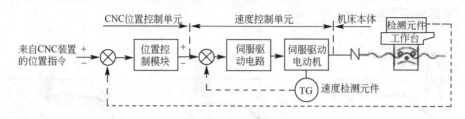

图 1-19　闭环控制系统结构框图

1.4 常用数控系统简介

在数控机床中，数控系统采用数字代码形式的信息指令控制机床运动部件的速度和轨迹，以实现对零件给定开关的加工。

数控机床配置的数控系统不同，其功能和性能有很大差异。目前，数控系统应用较多的有国外的 FANUC（日本）、SIEMENS（德国）、FAGOR（西班牙）、HEIDENHAIN（德国）、MITSUBISHI（日本）等品牌数控系统以及国内的华中数控系统、广州数控系统、北京航天数控系统等。

（1）FANUC 系统

① Power Mate 0 系列　具有高可靠性，用于 2 轴的小型数控车床，取代步进电动机的伺服；可配画面清晰、操作方便、中文显示的 CRT/MDI，也可配性价比高的 DPL/MDI。

② 0D 系列　普及型 CNC，其中 0TD 用于数控车床，0MD 用于数控铣床及小型加工中心，0GCD 用于数控圆柱磨床，0GSD 用于数控平面磨床，0PD 用于数控冲床。

③ 0C 系列　全功能型 CNC，其中 0TC 用于通用数控车床，0TTC 用于双刀架 4 轴数控车床，0MC 用于数控铣床和加工中心，0GGC 用于内外圆磨床。

④ 0i 系列　高性价比，整体软件功能包，高速、高精加工，并具有网络功能。

⑤ 16i/18i/21i 系列　超小型、超薄型，具有网络功能，控制单元与 LCD 集成于一体，超高速串行数据通信。

⑥ 160i/180i/210i-B 系列　与 Windows2000/XP 对应的高功能开放式 CNC。

（2）SIEMENS 系统

① SINUMERIK 802S/C　用于车床、铣床等，可控制 3 个进给轴和 1 个主轴，802S 适用于步进电动机驱动，802C 适用于伺服电动机驱动，具有数字 I/C 接口。

② SINUMERIK 802D　控制 4 个数字进给轴和 1 个主轴，PLC I/O 模板，具有图形式循环编程，车削、铣削、钻削工艺循环，FRAME（包括移动、旋转和缩放）等功能，为复杂加工任务提供智能控制。

③ SINUMERIK 810D　用于数字闭环驱动控制，最多可控制 6 轴（包括 1 个主轴和 1 个辅助主轴），紧凑型可编程输入/输出。

④ SINUMERIK 840D　全数字模块化数控设计，用于复杂机床、模块化旋转加工机床和传送机，最多可控制 31 个坐标轴。

（3）华中数控系统

华中数控系统以"世纪星"系列数控单元为典型产品，HNC-21/22T 为车削系统，最大联动轴数为 4 轴；HNC-21/22M 为铣削系统，最大联动轴数为 4 轴，采用开放式体系结构，内置嵌入式工业计算机。

（4）北京航天数控系统

主要产品为 CASNUC 2100 数控系统，是以计算机为硬件基础的模块化、开放式的数控系统，可用于车床、铣床、加工中心等 8 轴以下机械设备的控制，具有 2 轴、3 轴、4 轴联动功能。

1.5 数控机床的发展趋势

数控机床的主要加工对象为几何参数较为复杂的零件、多品种及单件小批量生产的零件、精度要求较高的零件等，随着技术的进步，数控机床在现代工业制造体系内发挥着重要作用，"中国制造 2025"已明确提出关键工序数控化率 2025 年应达到 64%，在迈向制造业强国的大背景下，对于数控机床的要求越来越高，目前，世界上的数控机床发展呈现如下趋势。

（1）高速度

速度直接关系到加工效率，高速度不仅对于数控系统的数据处理与计算能力有较高要求，而且对于伺服电动机、传动零件、刀具等部件的要求都会提高，现代数控机床主轴转速普遍上均可达到 12000r/min 以上，快速进给速度可高达每分钟几十米。

（2）高精度

精度直接关系到产品的加工质量，微米级精度的数控设备逐渐普及，目前市面上高精度机床的加工精度可以达到 0.1μm。

（3）智能化

在高端数控机床中，自适应控制技术、人机会话自动编程技术、设备故障自诊断技术等已有应用，智能化的数控机床可以自动调节至较佳的工作状态，能够提高编程效率、适应长时间无人操作环境。

（4）多功能化

高端的数控加工中心对毛坯一次装夹后，就可以连续完成铣削、铰孔、镗削等多工序加工，最先进的数控系统控制的轴数多达 15 轴，可以实现 6 轴联动。

课后练习

一、填空题

1. 数控系统一般由_____、_____、_____、_____四部分组成。

2. 数控机床按运动的方式分类可分为_____、_____、_____。

3. 数控机床按伺服系统的类型可分为_____、_____、_____。

二、简答题

1. 简述开环、半闭环、闭环控制系统的区别。

2. 简述常见的数控系统有哪些。

3. 简述数控机床的发展趋势。

第2章

数控编程基础

数控编程的内容及步骤

编制数控加工程序是使用数控机床的一项重要技术工作，理想的数控程序不仅应该保证加工出符合零件图样要求的合格零件，还应该使数控机床的功能得到合理的应用与充分的发挥，使数控机床能安全、可靠、高效地工作。

数控编程是指从零件图纸到获得数控加工程序的全部工作过程，如图 2-1 所示。

（1）分析零件图样和制订工艺方案

这项工作的内容包括：对零件图样进行分析，明确加工的内容和要求；确定加工方案；选择适合的数控机床；选择或设计刀具和夹具；确定合理的走刀路线及选择合理的切削用量等。这一工作要求编程人员能够对零件图样的技术特性、几何形状、尺寸及工艺要求进行分析，并结合数控机床使用的基础知识，如数控机床的规格、性能、数控系统的功能等，确定加工方法和加工路线。

（2）数学处理

在确定了工艺方案后，就需要根据零件的几何尺寸、加工路线等，计算刀具中心运动轨迹，以获得刀位数据。数控系统一般均具有直线插补与圆弧插补功能，对于加工由圆弧和直线组成的较简单的平面零件，只需要计算出零件轮廓上相邻几何元素交点或切点的坐标值，得出各几何元素的起点、终点、圆弧的圆心坐标值等，就能满足编程要求。当零件的几何形状与控制系统的插补功能不一致时，就需要进行较复杂的数值计算，一般需要使用计算机辅助计算，否则难以完成。

（3）编写零件加工程序

在完成上述工艺处理及数值计算工作后，即可编写零件加工程序。程序编制人员使用数控系统的程序指令，按照规定的程序格式，逐段编写加工程序。程序编制人员应对数控机床的功能、程序指令及代码十分熟悉，才能编写出正确的加工程序。

（4）程序检验

将编写好的加工程序输入数控系统，就可控制数控机床的加工工作。一般在正式加工之前，要对程序进行检验。通常可采用机床空运转的方式来检查机床动作和运动轨迹的正确性，以检验程序。在具有图形模拟显示功能的数控机床上，可通过显示走刀轨迹或模拟刀具对工件的切削过程，对程序进行检查。对于形状复杂和要求高的零件，也可采用铝件、塑料或石蜡等易切材料进行试切来检验程序。通过检查试件，不仅可确认程序是否正确，还可知道加工精度是否符合要求。若能采用与被加工零件材料相同的材料进行试切，则更能反映实际加工效果，当发现加工的零件不符合加工技术要求时，可修改程序或采取尺寸补偿等措施。

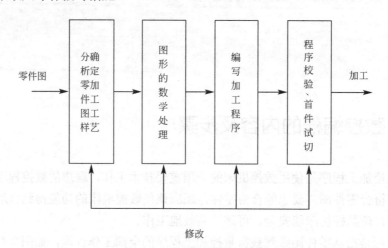

图 2-1　数控编程的内容和步骤

2.2　数控编程的方法

数控加工程序的编制方法主要有两种：手工编制程序和自动编制程序。

（1）手工编程

手工编程指主要由人工来完成数控编程中各个阶段的工作，见图 2-2。

一般对几何形状不太复杂的零件，所需的加工程序不长，计算比较简单，用手工编程比较合适。手工编程的特点：耗费时间较长，容易出现错误，无法胜任复杂形状零件的编程。据国外资料统计，当采用手工编程时，一段程序的编写时间与其在机床上运行加工的实际时间之比，平均约为 30：1，而数控机床不能开动的原因中有 20%～30%是由于加工程序编制困难，编程时间较长。

由于加工程序编制困难，编程时间较长。

（2）自动编程

自动编程是指在编程过程中，除了分析零件图样和制订工艺方案由人工进行外，其余工作均由计算机辅助完成。

采用计算机自动编程时，数学处理、编写程序、校验程序等工作是由计算机自动完成的，由于计算机可自动绘制出刀具中心运动轨迹，编程人员可及时检查程序是否正确，需要时可及时修改，以获得正确的程序。由于计算机自动编程代替程序编制人员完成了烦琐的数值计算，编程效率可提高几十倍乃至上百倍，因此解决了手工编程无法解决的许多复杂零件的编程难题。

自动编程一般采用的是 CAD/CAM 软件编制数控加工程序，一般流程是：第一步，编程人员利用软件的绘图功能（CAD 功能）将零件图样输入到计算机中；第二步，利用软件的后处理功能（CAM 功能）由计算机自动编制零件加工程序；最后一步，通过计算机与数控系统的通信接口将加工程序输入数控机床，进而进行零件的加工。自动编程的基本流程见图 2-3。

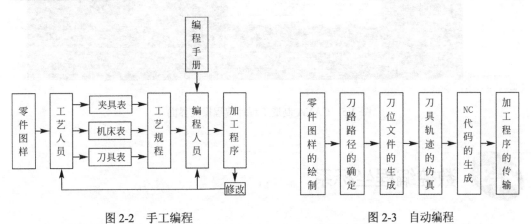

图 2-2　手工编程　　　　　　　　　　　　　图 2-3　自动编程

目前，应用较为广泛的 CAD/CAM 软件有 NX、CAXA 制造工程师、Master CAM、Creo 等，其操控界面如图 2-4、图 2-5 所示。

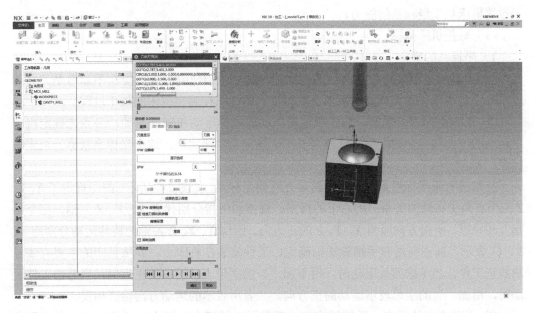

图 2-4　NX 编程操控界面

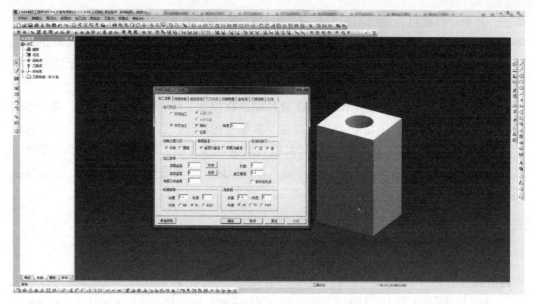

图 2-5　CAXA 制造工程师编程操控界面

2.3　数控编程坐标系

在数控编程时，为了描述机床的运动，简化程序编制的方法及保证记录数据的互换性，数控机床的坐标系和运动方向均已标准化，ISO 和我国都拟定了命名的标准。通过这一部分的学习，能够掌握机床坐标系、编程坐标系、加工坐标系的概念，具备实际动手设置机床加工坐标系的能力。

（1）数控机床坐标

1）坐标系的确定

① 刀具相对于静止工件而运动的原则。这一原则使编程人员能在不知道是刀具移近工件还是工件移近刀具的情况下，就可依据零件图样确定机床的加工过程。

② 机床坐标系的规定。为了确定机床上的成形运动和辅助运动，必须先确定机床上运动的方向和运动的距离，这就需要一个坐标系才能实现，这个坐标系就称为机床坐标系。

标准的机床坐标系是一个右手笛卡儿直角坐标系，如图 2-6 所示。图中规定了 X、Y、Z 三个直角坐标轴的关系：用右手的拇指、食指和中指分别代表 X、Y、Z 三轴，三个手指互相垂直，所指方向即为 X、Y、Z 的正方向。围绕 X、Y、Z 各轴的旋转运动分别用 A、B、C 表示，其正向用右手螺旋法则确定。工件安装在机床上，并按机床的主要直线导轨找正工件。当考虑刀具运动时，用不加 " " 的字母表示运动的正方向；当考虑工件运动时，用加 " " 的字母表示运动的正方向。二者所表示的运动方向恰好相反。

③ 运动方向的确定。数控机床某一部件运动的正方向规定为工件与刀具之间距离增大的方向。

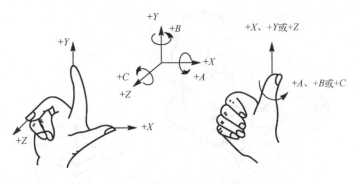

图 2-6　右手笛卡儿直角坐标系

2）Z 坐标

标准规定，以传递切削动力的主轴作为 Z 轴坐标轴。若机床有几个主轴，可选择一个垂直于工件装夹平面的主要轴作为主轴。若机床没有主轴（如刨床），则 Z 坐标垂直于工件装夹平面。图 2-7 为前、后置刀架数控车床的 Z 坐标。

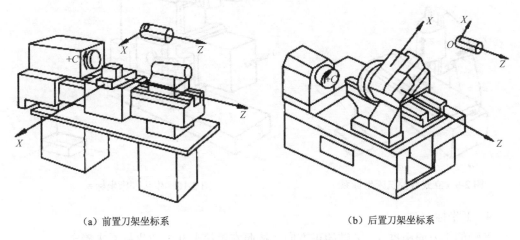

（a）前置刀架坐标系　　　　　　　　　　　　　　（b）后置刀架坐标系

图 2-7　数控车床前、后置刀架

3）X 坐标

X 坐标是水平的，它平行于工件的装夹平面，是刀具或工件定位平面内运动的主要坐标。

对于工件旋转的机床（如车床、磨床），X 坐标的方向在工件的径向上，且平行于横向滑座，以刀具离开工件旋转中心的方向为正方向。

对于刀具旋转的机床（如铣床、镗床、钻床），若 Z 坐标是水平的，当从主要刀具主轴向工件看时，X 轴的正方向指向右方，如图 2-8 所示的卧式数控铣床坐标系；若 Z 坐标是垂直的，对于单立柱机床，当从主要刀具主轴向立柱看时，X 轴的正方向指向右方，如图 2-9 所示的立式数控铣床坐标系；对于双立柱机床，当从主要刀具主轴向左侧立柱看时，X 轴的正方向指向右方；对于没有旋转刀具或旋转工件的机床（如刨床），以切削方向为 X 轴正方向，如图 2-10 所示的牛头刨床坐标系。

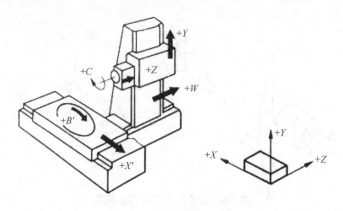

图 2-8　卧式数控铣床坐标系

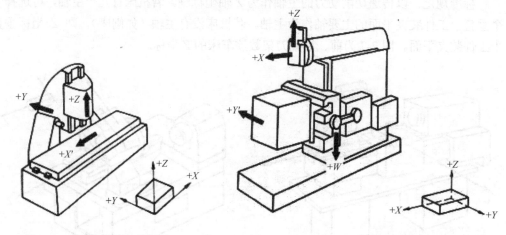

图 2-9　立式数控铣床坐标系　　　　图 2-10　牛头刨床坐标系

4）Y 坐标

Y 轴的正方向根据 X、Z 轴的正方向，按照右手笛卡儿直角坐标系来确定。

5）旋转坐标 A、B、C

A、B、C 分别是围绕 X、Y、Z 轴的旋转坐标，它们的方向根据 X、Y、Z 轴的方向用右手螺旋法则确定。

6）附加坐标系

X、Y、Z 坐标系称为主坐标系或第一坐标系，其他坐标系称为附加坐标系。对于直线运动，如在 X、Y、Z 主要运动之外另有第二组平行于它们的坐标，可分别指定为 U、V、W；如还有第三组运动，则分别指定为 P、Q、R；如有不平行于 X、Y、Z 的直线运动，也可相应地指定为 U、V、W 或 P、Q、R。对于旋转运动，如在第一组旋转运动 A、B、C 之外，还有平行或不平行于 A、B、C 的第二组旋转运动，可指定为 D、E、F。

（2）机床坐标系

机床坐标系又称机械坐标系，是机床运动部件的进给运动坐标系，其坐标轴和方向由标准规定，其坐标原点（机床原点）的位置由各机床生产厂设定。

在数控车床上，机床原点一般取在卡盘端面与主轴中心线的交点处。如图 2-11 所示，图中 O 即为机床原点。

在数控铣床上，机床原点一般取在 X、Y、Z 三个坐标轴正方向的极限位置上。如图 2-12 所示，图中 O 即为机床原点。

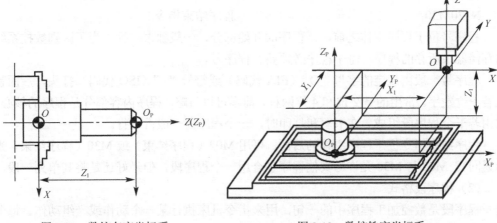

图 2-11　数控车床坐标系　　　　　　　图 2-12　数控铣床坐标系

（3）工件坐标系

工件坐标系又称编程坐标系。编程人员在编制程序时，根据零件图样选定编程原点 (工件原点)，建立编程坐标系。编程原点应尽量选在零件的设计基准或工艺基准上，编程坐标系中各轴的方向应该与机床坐标系相应的坐标轴方向一致。图 2-11 数控车床的坐标系和图 2-12 数控铣床的坐标系中，编程原点均为 O_P。

在加工时，机床操作者首先将工件随夹具安装在机床上，然后确定工件原点在机床坐标系中的位置，并在数控系统中予以设定（图 2-11 中的 Z_1 和图 2-12 中的 X_1、Y_1、Z_1，均为设定值），这样数控机床才能按照准确的工件坐标系位置开始加工。

2.4　数控加工程序结构及格式

数控加工程序是根据数控机床规定的语言规则及程序格式来编制的。因此，程序编制人员应熟悉编程中用到的各种代码、加工指令和程序格式。

为便于数控机床的设计、制造、使用和维修，在程序输入代码、指令及格式等方面，已逐步趋向统一。目前，国际上已形成了两种通用的标准，即国际标准化组织的 ISO 标准和美国电子工业学会的 EIA 标准。

（1）程序的结构

一个完整的数控加工程序由程序号、程序内容、程序结束指令三部分组成。

```
O0001;                                          程序号
N10G90G54X0Y0Z100.0;
N20M3S600;                          }           程序内容
N30G1X10.Y60.F200;

......

N120M30;                                        程序结束指令
```

程序号位于程序主体之前，是程序的开始部分，一般独占一行。为了区别数控系统的存储器中所存的程序，每个程序必须要有程序号。

程序号一般由规定的字母"O"（EIA 代码）或符号"："（ISO 代码）打头，后面紧跟若干位数字。常用的是 2 位和 4 位两种，前零可以省略。程序内容部分是程序的核心，它由若干个程序段组成。在书写和打印时，一个程序段一般占一行。

程序结束指令位于程序主体的后面，可用 M02（程序结束）或 M30（程序结束，光标返回）。M02 与 M30 允许与其他程序字合用一个程序段，但最好还是将其单列一段。

（2）程序段格式

程序段是数控加工程序中的一句，用来指令机床执行某一个动作或一组动作。每个程序段由若干个程序字组成。

程序字简称字，是数控机床中的专用术语。程序字的字首为一个英文字母，字首为字的地址，随后为若干位十进制数字。字的功能类别由字地址决定。根据功能的不同，程序字可分为程序号字、顺序号字、准备功能字、辅助功能字、尺寸字、刀具功能字、进给功能字、主轴转速功能字和其他程序字。常用的程序字见表 2-1。

表 2-1　常用的程序字

功　　能		地址符	含　　义
程序号字		O	程序号的指定
顺序号字		N	顺序号的指定
准备功能字		G	机床工作方式指令
辅助功能字		M	机床开/关等辅助动作指令
尺寸字		X、Y、Z	X、Y、Z 轴坐标绝对值指令
		U、V、W	X、Y、Z 轴坐标增量值指令
		A、B、C	绕 X、Y、Z 轴坐标旋转指令
		I、J、K	圆弧中心坐标值指令
		R	圆弧半径值指令
刀具功能字		T	刀具号
进给功能字		F	进给速度
主轴转速功能字		S	转速
其他程序字	偏移号	H 或 D	刀具长度或半径补偿值
	重复次数	L	子程序调用次数
	参数值	P、Q	固定循环中的定距
	暂停时间	P、X	暂停时间

① 各程序字的排列顺序不严格。为了书写、输入和校对的方便，在习惯上程序字

按一定的顺序排列：N、G、X、Y、Z、M、F、S、T。

② 程序段的长度可变。不需要的或与上一程序段中相同的字可省略不写，故每个程序段长度会有变化，这种格式又称为可变程序段格式。

③ 具体的数控系统对各类字的允许字长都有规定，一般情况下用如下格式表达：

N4G02X±5.3Y±5.3Z±5.3F1000 S800T4M8;

结束符写在每个程序段后面，表示程序段结束。在书写或 CRT 显示器上用";"。

（3）程序号和顺序号

1）程序号

目前的计算机数控机床都具有记忆程序的功能，能将程序存储在内存内。为了区别不同的程序，故在程序的最前端加上程序号码以示区分。程序号码以地址 O 及 1～9999 范围内的任意数字组成。

不同的数控系统程序号地址码也有所差别。通常 SINUMERIK 系统用"%"，FANUC 系统用"O"。编程时一定要根据说明书的规定做指令，否则系统是不会执行的。

2）顺序号

顺序号也称程序段号，用来识别不同的程序段。顺序号位于程序段之首，它由地址符 N 和随后的 2～4 位数字组成。

程序段在存储器内是以输入的先后顺序排列的，数控系统严格按存储器内程序段的排列顺序一段一段执行。因此，顺序号只是程序段的名称，与程序的执行顺序无关。这是数控加工中的顺序号与高级语言中的标号的区别。

课后练习

一、填空题

1. 数控程序的校验方式有_____、_____、_____。

2. 数控加工程序的编制方法有_____、_____。

3. 数控编程语言国际上已形成了两种通用的标准，即国际标准化组织的_____和美国电子工业学会的_____。

4. 用于确定几何图形上各几何要素的位置而建立的坐标是_____。

5. 数控机床上的坐标系是采用_____坐标系，大拇指的方向为_____正方向。

6. 机床坐标系原点也称为机床零点或机床原点，是由_____确定的。

7. _____是首先要确定的坐标轴，是指机床上提供切削力的主轴的轴线方向。

二、简答题

1. 数控编程的一般步骤有哪些？

2. 试述机床坐标系、工件坐标系、机床原点、编程原点之间的区别。

3. 试简述数控机床加工程序的构成。

4. 简述自动编程的主要步骤。

第3章

数控车削工艺及编程

 3.1 数控车编程基础

3.1.1 数控刀具

数控刀具是机械制造中用于切削加工的工具，又称切削工具。广义的切削工具既包括刀具，还包括磨具；同时"数控刀具"除切削用的刀片外，还包括刀杆和刀柄等附件，如图 3-1 所示。

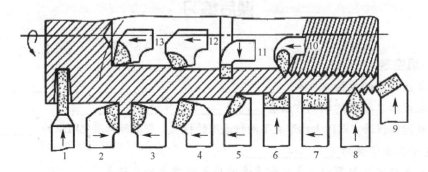

图 3-1　数控车常见车刀

3.1.1.1 刀具分类

（1）根据刀具结构划分

① 整体式　刀具为一体，由一个坯料制造而成，不分体（图 3-2）。

② 焊接式　采用焊接方法连接，分刀头和刀杆（图 3-3）。

③ 机夹式　机夹式又可分为不转位和可转位两种，通常数控刀具采用机夹式（图 3-4）。

④ 特殊形式　如复合式刀具、减振式刀具等。

图 3-2　数控车整体式车刀

图 3-3　数控车焊接式车刀　　　　　图 3-4　数控车机夹式车刀

（2）从切削工艺上划分

① 车削刀具，分外圆、内孔、螺纹、切断、切槽刀具等多种（图 3-5）；

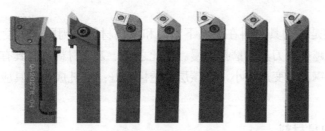

图 3-5　常见车削刀具类型

② 钻削刀具，包括钻头、铰刀、丝锥等（图 3-6）；

③ 镗削刀具、铣削刀具（详见第 4 章）等。

图 3-6　常见丝锥、钻头、铰刀

（3）根据制造刀具所用的材料划分

高速钢刀具、硬质合金刀具、金刚石刀具及其他材料刀具，如立方氮化硼刀具、陶瓷刀具等。

3.1.1.2　刀具材料性能

刀具材料不仅是影响刀具切削性能的重要因素，而且它对刀具耐用度、切削用量、生产率、加工成本等有着重要的影响。因此，在机械加工过程中，不但要熟悉各种刀具材料的种类、性能和用途，还必须能根据不同的工件和加工条件，对刀具材料进行合理的选择。

切削时，刀具在承受较大压力的同时，还与切屑、工件产生剧烈的摩擦，由此而产生较高的切削温度。在加工余量不均匀和切削断续表面时，刀具还将受到冲击，产生振动。为此刀具切削部分的材料应具备下列基本性能。

① 硬度和耐磨性。刀具材料的硬度必须大于工件材料的硬度，一般情况下，要求其常温硬度在 60HRC 以上。通常刀具材料的硬度越高，耐磨性也越好，刀具切削部分抗磨损的能力也就越强。耐磨性还取决于材料的化学成分、显微组织。刀具材料组织中硬质点的硬度越高，数量越多，晶粒越细，分布越均匀，则耐磨性越好。此外，刀具材料对工件材料的抗黏附能力越强，耐磨性也越好。

② 强度和韧性。由于切削力、冲击和振动等作用，数控车床刀具材料必须具有足够的抗弯强度和冲击韧性，以避免刀具材料在切削过程中产生断裂和崩刃。

③ 耐热性与化学稳定性。耐热性是指刀具材料在高温下保持其硬度、耐磨性、强度和韧性的能力。耐热性越好，则允许的切削速度越高，同时抵抗切削刃塑性变形的能力也越强。

化学稳定性是指刀具材料在高温下不易和工件材料、周围介质发生化学反应的能力。化学稳定性越好，刀具的磨损越慢。除此之外，刀具材料还应具有良好的工艺性和经济性。如工具钢淬火变形要小，脱碳层淬透性要好；热轧成形刀具应具有较好的高温塑性等。

3.1.1.3　常用刀具材料

① 高速钢。高速钢是一种加入较多的钨、钼、铬、钒等合金元素的高合金工具钢，有较高的热稳定性，切削温度达 500～650℃时仍能进行切削，有较高的强度、韧性、硬度和耐磨性。其制造工艺简单，容易磨成锋利的切削刃，可锻造，这对于一些形状复杂的工具，如钻头、成形刀具、数控车床拉刀、齿轮刀具等尤为重要，是制造这些刀具的主要材料。

高速钢的品种繁多，按切削性能可分为普通高速钢和高性能高速钢；按化学成分可分为钨系、钨钼系和钼系高速钢；按制造工艺不同，分为熔炼高速钢和粉末冶金高速钢。

a．普通高速钢。国内外使用最多的普通高速钢是 W6Mo5Cr4V2（M2 钼系）及 W18Cr4V（W18 钨系）钢，含碳量为 0.5%～0.9%，硬度 63～66HRC，不适于高速和硬材料切削。

新牌号的普通高速钢 W6Mo3Cr4V（W9）是根据我国资源情况研制的含钨量较多、含钼量较少的钨钼钢。其硬度为 65～66.5HRC，有较好硬度和韧性的配合，热塑性、热稳定性都较好，焊接性能、磨削加工性能都较高，磨削效率比 M2 高 20%，表面粗糙度值也小。

b. 高性能高速钢指在普通高速钢中加入一些合金，如 Co、Al 等，使其耐热性、耐磨性又有进一步提高，热稳定性高。但综合性能不如普通高速钢，数控车床不同牌号只有在各自规定的切削条件下，加工中心才能达到良好的加工效果。我国正努力提高高性能高速钢的应用水平，如发展低钴高碳钢 W12Mo3Cr4V3Co5Si、含铝的超硬高速钢 W6Mo5Cr4V2Al、W10Mo4Cr4V3Al，提高韧性、热塑性、导热性，其硬度达 67～69HRC，可用于制造出口钻头、铰刀、铣刀等。

c. 粉末冶金高速钢。这种高速钢可以避免熔炼法炼钢时产生的碳化物偏析。其强度、韧性比熔炼钢有很大提高。可用于加工超高强度钢、不锈钢、钛合金等难加工材料，用于制造大型拉刀和齿轮刀具，特别是制造切削时受冲击载荷的刀具效果更好。

② 硬质合金。硬质合金是由高硬度、高熔点的金属碳化物（如 WC、TiC 等）粉末，以钴（Co）为黏结剂，用粉末冶金方法制成的。硬质合金的硬度、耐磨性、数控车床耐热性都很高，硬度可达 89～93HRA，在 800～1000℃还能承担切削，耐用度较高速钢高十几倍，允许采用的切削速度达 100～300m/min，甚至更高，约为高速钢刀具的 4～10 倍，并能切削一般工具钢刀具不能切削的材料（如淬火钢、玻璃、大理石等）。但其抗弯强度较高速钢低，仅为 0.9～1.5GPa；冲击韧度差，切削时不能承受大的振动和冲击负荷。

硬质合金以其切削性能优良被广泛用作刀具材料，如车刀、加工中心端铣刀以至深孔钻等。它制成各种形式的刀片，然后用机械夹紧或用钎焊方式固定在刀具的切削部位上。

常用的硬质合金牌号按其金属碳化物的不同分为三类：钨钴类（国家标准代号为 YG，数控车床 ISO 标准代号为 K）；钨钛钴类（国家标准代号为 YT，ISO 标准代号为 P）；钨钛钽（铌）类（国家标准代号为 YW，ISO 标准代号为 M）。

常用硬质合金刀具牌号按不同加工对象所排出的切屑形状又可分为：P 类——适于加工长切屑的黑色金属（钢），以蓝色为标志；M 类——适于加工长切屑或短切屑的黑色金属和有色金属，以黄色为标志；K 类——适于加工短切屑的黑色金属（铸铁）、有色金属及非金属材料，以红色为标志。

③ 其他刀具材料。

a. 涂层刀具。涂层刀具是在韧性较好的硬质合金基体或高速钢刀具基体上，加工中心涂覆一薄层耐磨性好的难熔金属化合物而获得的。常用的涂层材料有 TiC、TiN 等。

b. 陶瓷。它们有很高的硬度（91～95HRA）和耐磨性；有很高的耐热性，在 1200℃以上还能进行切削；切削速度比硬质合金高 2～5 倍；但其脆性大，抗弯强度低，冲击韧度差，易崩刃，使其使用范围受到限制。

c. 金刚石。金刚石与立方氮化硼称为超硬刀具。金刚石是碳的同素异形体，是目前最硬的物质，显微硬度可达 10000HV。

d. 立方氮化硼。立方氮化硼（CBN）是由六方氮化硼（白石墨）在高温高压下转化而成的，是 20 世纪 80 年代发展起来的新型刀具材料。其主要优点：有很高的硬度（8000～9000HV）及耐磨性，仅次于金刚石；加工中心有比金刚石高得多的热稳定性，1400℃时不发生氧化，与大多数金属、铁系材料都不起化学作用，因此能高速切削高硬度的钢铁材料及耐热合金，刀具的黏结与扩散磨损较小；有较好的导热性，与钢的摩擦因数较小；抗弯强度与断裂韧性介于陶瓷与硬质合金之间。

3.1.2　车削用量选择

　　数控机床加工的车削用量包括切削速度 v_c（或主轴转速 n）、背吃刀量 a_p 和进给量 f，其选用原则与普通机床基本相似，合理选择切削用量的原则是：粗加工时，以提高劳动生产率为主，选用较大的切削量；半精加工和精加工时，选用较小的切削量，保证工件的加工质量（见表 3-1～表 3-3）。

　　（1）背吃刀量 a_p

　　在工艺系统刚性和机床功率允许的条件下，尽可能选取较大的背吃刀量，以减少进给次数。当工件的精度要求较高时，则应考虑留有精加工余量，一般为 0.1～0.5mm。背吃刀量 a_p 计算公式：$a_p = \dfrac{d_w - d_m}{2}$

式中　d_w——待加工表面外圆直径，mm；

　　　　d_m——已加工表面外圆直径，mm。

　　（2）切削速度 v_c

　　① 车削光轴切削速度 v_c。光车切削速度由工件材料、刀具的材料及加工性质等因素所确定。切削速度 v_c 计算公式：$v_c = \dfrac{\pi d n}{1000}$

式中　d——工件或刀尖的回转直径，mm；

　　　　n——工件或刀具的转速，r/min。

表 3-1　硬质合金外圆车刀切削速度参考表

工 件 材 料	热处理状态	v_c／（m/min）		
		a_p=0.3～2mm	a_p=2～6mm	a_p=6～10mm
		f=0.08～0.3mm/r	f=0.3～0.6mm/r	f=0.6～1mm/r
低碳钢 易切钢	热轧	140～180	100～120	70～90
中碳钢	热轧	130～160	90～110	60～80
	调质	100～130	70～90	50～70
合金工具钢	热轧	100～130	70～90	50～70
	调质	80～110	50～70	40～60
工具钢	退火	90～120	60～80	50～70
灰铸铁	<190HBS	90～120	60～80	50～70
	190～225HBS	80～110	50～70	40～60
高锰钢			10～20	
铜及铜合金		200～250	120～180	90～120
铝及铝合金		300～600	200～400	150～200
铸铝合金		100～180	80～150	60～100

　　注：表中刀具材料切削钢及灰铸铁时耐用度约为 60min。

　　② 车削螺纹主轴转速 n。切削螺纹时，车床的主轴转速受加工工件的螺距（或导程）大小、驱动电动机升降特性及螺纹插补运算速度等多种因素影响，因此对于不同的数控系统，选择车削螺纹主轴转速 n 存在一定的差异。下列为一般数控车床车螺纹时主轴转

速计算公式：

$$n \leqslant \frac{1200}{P} - K$$

式中　P——工件螺纹的螺距或导程，mm；

　　　K——保险系数，一般为 80。

（3）进给速度

进给速度是指单位时间内，刀具沿进给方向移动的距离，单位为 mm/min，也可表示为主轴旋转一周刀具的进给量，单位为 mm/r。

1）确定进给速度的原则

① 当工件的加工质量能得到保证时，为提高生产率可选择较高的进给速度。

② 切断、车削深孔或精车时，选择较低的进给速度。

③ 刀具空行程尽量选用高的进给速度。

④ 进给速度应与主轴转速和背吃刀量相适应。

2）进给速度 v_f 的计算

$$v_f = nf$$

式中　n——车床主轴的转速，r/min；

　　　f——刀具的进给量，mm/r。

表 3-2　硬质合金车刀粗车外圆及端面进给量参考表

工件材料	刀杆尺寸 $B \times H$/mm²	工件直径 d/mm	进给量 f（mm/r）				
			背吃刀量 a_p/mm				
			≤3	>3～5	>5～8	>8～12	>12
碳素结构钢 合金结构钢 耐热钢	16×25	20	0.3～0.4	—	—	—	—
		40	0.4～0.5	0.3～0.4	—	—	—
		60	0.5～0.7	0.4～0.6	0.3～0.5	—	—
		100	0.6～0.9	0.5～0.7	0.5～0.6	0.4～0.5	—
		400	0.8～1.2	0.7～1.0	0.6～0.8	0.5～0.6	
	20×30 25×25	20	0.3～0.4	—	—	—	—
		40	0.4～0.5	0.3～0.4	—	—	—
		60	0.5～0.7	0.5～0.7	0.4～0.6	—	—
		100	0.8～1.0	0.7～0.9	0.5～0.7	0.4～0.7	负
		400	1.2～1.4	1.0～1.2	0.8～1.0	0.6～0.9	0.4～0.6
铸铁铜合金	16×25	40	0.4～0.5	—	—	—	—
		60	0.5～0.8	0.5～0.8	0.4～0.6	—	—
		100	0.8～1.2	0.7～1.0	0.6～0.8	0.5～0.7	—
		400	1.0～1.4	1.0～1.2	0.8～1.0	0.6～0.8	—
	20×30 25×25	40	0.4～0.5	—	—	—	—
		60	0.5～0.9	0.5～0.8	0.4～0.7	—	—
		100	0.9～1.3	0.8～1.2	0.7～1.0	0.5～0.8	—
		400	1.2～1.8	1.2～1.6	1.0～1.3	0.9～1.1	0.7～0.9

注：1. 断续加工和加工有冲击的工件，表内进给量应乘系数 K=0.75～0.85。

2. 加工无外皮工件，表内进给量应乘系数 K=1.1。

3. 加工耐热钢及其合金，进给量不大于 1mm/r。

4. 加工淬硬钢，应减少进给量。当钢的硬度为 44～56HRC，应乘系数 K=0.8；当钢的硬度为 57～62HRC 时，应乘系数 K=0.5。

表 3-3　按表面粗糙度选择进给量参考表

工 件 材 料	表面粗糙度 $Ra/\mu m$	切削速度范围 $v_c/$（m/min）	进给量 f/（mm/r）		
			刀尖圆弧半径 r_ε/mm		
			0.5	1.0	2.0
铸铁青铜 铝合金	>5～10	不限	0.25～0.40	0.40～0.50	0.50～0.60
	>2.5～5		0.15～0.25	0.25～0.40	0.40～0.60
	>1.25～2.5		0.10～0.15	0.15～0.20	0.20～0.35
碳钢合 金钢	>5～10	<50	0.30～0.50	0.45～0.60	0.55～0.70
		>50	0.40～0.55	0.55～0.65	0.65～0.70
	>2.5～5	<50	0.18～0.25	0.25～0.30	0.30～0.40
		>50	0.25～0.30	0.30～0.35	0.30～0.50
	>1.25～2.5	<50	0.10	0.11～0.15	0.15～0.22
		50～100	0.11～0.16	0.16～0.25	0.25～0.35
		>100	0.16～0.20	0.20～0.25	0.25～0.35

注：r_ε=0.5mm，一般选择刀杆截面为 $12\times12mm^2$；r_ε=1mm，一般选择刀杆截面为 $30\times30mm^2$；r_ε=2mm，一般选择刀杆截面面为 $30\times45mm^2$。

3.1.3　数控车基本指令

（1）G50 设定工件坐标系

G50 为数控车床设定工件坐标系的指令。使用该指令工件坐标系的原点可设定在相对于刀具起始点的某一符合加工要求的空间点上，如图 3-7 所示。其格式如下：

G50X（α）Z（β）；

式中，α，β 为刀尖距工件坐标系原点的距离。

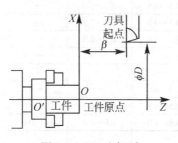

图 3-7　G50 坐标系

用 G50X（α）Z（β）指令所建立的坐标系，是一个以工件原点为坐标系原点，确定刀具（一般指刀尖）当前位置的一个工件坐标系。工件坐标系一旦建立便一直有效，直到被新的所取代。为提高加工效率和保证加工精度，工件坐标系原点根据需要选在工件上任何一点都可以。该指令在执行时不产生运动，这是许多初学者较难掌握的地方。

（2）G54～G59 设定坐标系

使用 G54～G59 指令可以在预设的工件坐标系中选择一个作为当前工件坐标系。这六个工件坐标系的坐标原点在机床坐标系中的坐标值（称为零点偏置值）必须在程序运行前，从"零点偏置"界面输入，一般多用于需要建立不止一个工件坐标系的场合。选择好工件坐标系后，若更换刀具，则结合刀具长度补偿指令变换 Z 向坐标即可，不必更换工件坐标系。

常用编程指令：

① 准备功能指令 G 代码见表 3-4。

表 3-4　FANUC 数控车常见准备功能指令 G 代码

G 代码	组　别	解　释
G00		定位（快速移动）
G01	01	直线切割
G02		顺时针圆弧（CW）
G03		逆时针圆弧（CCW）
G04	00	暂停
G09		停于精确位置
G20	06	英制输入
G21		公制输入
G27		检查参考点返回
G28	00	参考点返回
G29		从参考点返回
G30		回到第二参考点
G32	01	单一螺纹车削指令
G40		取消刀尖半径补偿
G41	07	刀尖半径左补偿
G42		刀尖半径右补偿
G43		刀尖长度正补偿
G44	17	刀尖长度负补偿
G49		取消刀尖长度补偿
G50		修改工件坐标系，设置主轴最大的转速
G52	00	设置局部坐标系
G53		选择机床
G70		精加工循环
G71		轮廓粗车复合循环
G72		端面粗车复合循环
G73	00	仿形粗车复合循环指令
G74		轴向深孔钻销复合循环
G75		径向切槽复合循环
G76		螺纹车削复合循环
G90	01	内外径单一固定循环指令
G92		单一螺纹固定循环指令
G96	12	恒线速设定
G97		恒线速取消
G98	05	分进给
G99		转进给

注：1. 00 组 G 代码都是非模态指令。

2. 不同组的 G 代码能够在同一程序段中指定。如果同一程序段中指定了同组 G 代码，则最后指定的 G 代码有效。

3. G 代码按组号显示，对于表中没有列出的功能指令，请参阅有关厂家的编程说明书。

4. 模态指令：一经指定就一直有效，直到被同组的 G 代码取消为止。非模态指令：只在本程序段中有效。

② 辅助功能指令 M 代码见表 3-5。

表 3-5 辅助功能指令 M 代码

M 代码	功　能
M00	程序暂停
M01	条件程序暂停
M02	程序结束
M03	主轴正转
M04	主轴反转
M05	主轴停止
M08	冷却液开
M09	冷却液关
M30	程序结束并返回到程序头
M98	调用子程序
M99	子程序结束

③ 主轴功能指令 S 代码。主轴转速指令功能，它是由地址 S 及其后面的数字表示，目前有 S2（两位数）、S4（四位数）的表示法，即 S×× 和 S××××。一般的经济型数控机床采用一位或两位约定的代码来控制主轴某一挡位的高速和低速，对具有无级调速功能的机床，则可由后续数字直接表示其主轴的给定速度（r/min）。

④ 进给功能指令 F 代码。F 指令表示工件被加工时刀具相对于工件的合成进给速度，F 的单位可以是 mm/min，也可以是 mm/r。

$$F_m = F_r S$$

式中，F_m 为分进给量，mm/min；F_r 为转进给量，mm/r。

⑤ 转速功能指令 S 代码。

⑥ 刀具功能指令 T 代码。T 代码用于选刀号和刀补号，其后的 4 位数字分别表示选择的刀具号和刀具补偿号。T 代码与刀具的关系是由机床制造厂规定的。当一个程序段同时包含 T 代码与刀具移动指令时，先执行 T 代码指令，而后执行刀具移动指令。

（3）相对坐标与绝对坐标

① 绝对坐标：所有点的坐标值均是从编程原点计算的坐标值，称为绝对坐标；

② 相对坐标（增量坐标）：坐标系中的坐标值均是相对于刀具前一位置来计算的，称为相对坐标。

相对坐标常用 U、W 表示 X 轴和 Z 轴。用绝对坐标编写的程序称为绝对编程，用相对坐标编写的程序称为相对编程。

3.2 数控车床循环加工指令

3.2.1 单一台阶轴类零件的车削加工

轴类零件是机器中经常遇到的典型零件之一。它在机械中主要用于支承齿轮、带轮、凸轮以及连杆等传动件，以传递扭矩和承受载荷。按结构形式不同，轴可以分为阶梯轴、锥度芯轴、光轴、空心轴、曲轴、凸轮轴、偏心轴、各种丝杠等。简单的台阶轴是轴类零件的最常见的零件之一，主要由同心的外圆柱面、外圆锥面等组成，也是数控车零件加工中的基础车削。

1. 任务引入

如图 3-8 所示，某数控加工车间现需加工一批台阶轴类零件，毛坯为 ϕ55mm×105mm 的棒料，材料为 45 钢，现要求在数控车床（FANUC）上完成零件加工，按照图纸要求试完成此任务的数控程序编写。

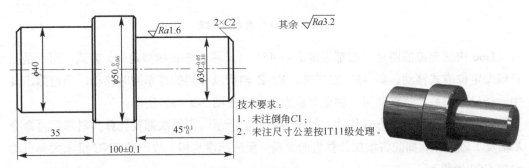

图 3-8　单一台阶轴

2. 任务分析

该零件为简单的台阶轴类零件，台阶轴类零件在数控车加工中属于常见的零件加工，由于该零件外形简单，左边台阶加工余量较右边台阶加工余量小，故在加工时可用基本指令 G00、G01 加工左端台阶面，用单一固定循环指令 G90 加工右端台阶面。本任务主要考查在不同情况下 G01 和 G90 指令的应用。

3. 相关知识

（1）G00——快速定位

该指令命令刀具以点位控制方式，从刀具所在点快速移动到目标位置，无运动轨迹要求，不需要特别规定进给速度。

格式：G00X（U）Z（W）；

说明：X（U）、Z（W）表示终点的点坐标值；格式中可两轴联动或一轴联动；只要是非切削的移动，通常使用 G00。

a. G00 一般用于加工前快速定位或加工后退刀。G00 指令刀具相对于工件以各轴预先设定的速度，从当前位置快速移动到程序段指令的定位目标点。

b. G00 指令中的快移速度由机床参数"快移进给速度"对各轴分别设定，所以快速移动速度不能在地址 F 中规定，快移速度可由面板上的快速修调按钮修正。

c. 在执行 G00 指令时，由于各轴以各自的速度移动，不能保证各轴同时到达终点，因此联动直线轴的合成轨迹不一定是直线，操作者必须格外小心，以免刀具与工件发生碰撞。

d.G00 为模态功能，可由 G01、G02、G03 等功能注销。目标点位置坐标可以用绝对值，也可以用相对值，甚至可以混用。

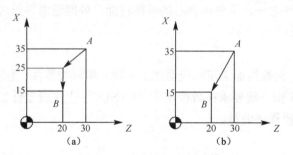

图 3-9　G00 快速走刀路线

G00 快速定位的路径一般都设定成斜 45°（又称为非直线型定位）方式，而不是以直线型定位方式移动。斜 45° 方式时，X、Z 轴皆以相同的速率同时移动，当检测出其中一轴已定位后，只移动另一轴至坐标点位置，如图 3-9（a）所示。

若采用直线型定位方式移动，如图 3-9（b）所示，则每次都要计算其斜率后再命令 X 轴及 Y 轴移动，如此将增加计算机的负荷，反应速度也慢，故一般 CNC 机床大都自动设定 G00 为斜 45° 方式。

（2）G01——直线插补指令

该指令用于直线或斜线运动，可使数控车床沿 X 轴、Z 轴方向执行单轴运动，也可以沿 X、Z 轴平面内做任意斜率的复合运动，用 F 指定沿直线移动的速度。

格式：G01 X（U）Z（W）F__；

说明：X（U）、Z（W）表示终点的点坐标值；F 表示进给量，有转进给和分进给两种表达方式。

G01 指令使刀具以一定的进给速度，从所在点出发，直线移动到目标点，速度由进给量 F 的大小决定[图 3-10（a）]；

G01 可用于圆柱切削、圆柱切槽、圆锥切削（倒角也作圆锥切削），见图 3-10（b）。

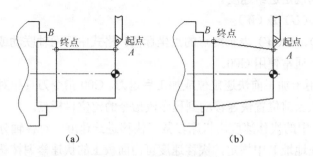

图 3-10　G01 走刀路线

（3）单一固定循环指令 G90

当车削加工余量较大，需要多次进刀切削加工时，可采用循环指令编写加工程序，这样可减少程序段的数量，缩短编程时间和提高数控机床工作效率。根据刀具切削加工的循环路线不同，循环指令可分为单一固定循环指令和多重复合循环指令。

对于加工几何形状简单、刀具走刀路线单一的工件，可采用单一固定循环指令编程，即只需用一条指令、一个程序段完成刀具的多步动作。固定循环指令中刀具的运动分四步：进刀、切削、退刀与返回。这里主要讲述外圆切削循环指令 G90。

格式：G90X（U）Z（W）R__F__；

① X、Z 表示终点坐标值；

② R 表示圆锥面切削的起点相对于终点的半径差值，车削圆柱时 R 为 0，可省略不写；

③ F 表示进给量。

指令功能：实现外圆切削循环和锥面切削循环，刀具从循环起点按图 3-11（a）与图 3-11（b）所示走刀路线，最后返回到循环起点，图中虚线表示按 R 快速移动，实线表示按 F 指定的工件进给速度移动。

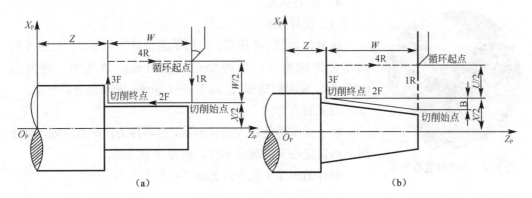

图 3-11　G90 走刀路线

需要注意的是 R 的大小通常并不等于零件圆锥面两端的半径差，当切削路径与零件圆锥母线平行时：

$$R = \frac{|W|}{|2L|}(d_1 - d_2)$$

式中，L 为圆锥的高度；d_1 为切削起始端的零件圆锥直径；d_2 为切削终止端的零件圆锥直径，如图 3-12 所示。

【例 3-1】　如图 3-13 所示，应用 G90 指令加工此圆锥面。

计算参数 R：$R = \frac{|W|}{2L}(d_1 - d_2) = \frac{20}{2 \times 16} \times (10 - 12) = -1.25$

程序编写：

……

G00X50.0Z4.0;

G90X12.0Z-16.0R-1.25F0.1;

X14.0;

X16.0;

……

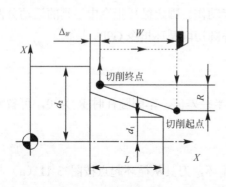

图 3-12　圆锥参数计算

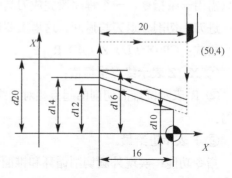

图 3-13　圆锥台

4．任务实施

（1）图样分析

图 3-14　三爪自定心卡盘

该零件如图 3-8 所示，为简单的台阶轴类零件，由图可知该零件结构简单，由两个台阶面组成，最高加工精度为 0.05mm，表面粗糙度 Ra 为 1.6～3.2μm，无形位公差要求。

（2）装夹方式

由于该零件毛坯为圆棒形状，且零件为简单台阶轴，故选用三爪自定心卡盘装夹零件，如图 3-14 所示。

制订的加工工艺卡片见表 3-6 和表 3-7。

表 3-6　刀量具调整卡

刀具号	T0101	T0202
刀具类型	外圆粗车刀	外圆精车刀
量具类型	游标卡尺	外径千分尺
规格	0～150mm	25～50mm

表 3-7 数控加工工艺卡

零件名称	台阶轴	数量		200 件		年 月	
材料	45 钢	规格		φ55mm×105mm		加工者	
工步	工 步 内 容		刀具号	主轴转速/（r/min）	进给速度/（mm/r）	背吃刀量/mm	
1	装夹工件，伸出卡爪端面 65mm 长夹紧，端面见光						
2	粗车工件左端外轮廓，分别粗车 φ40mm 和 φ50mm 外圆，长度车至 60mm 径向留精加工余量 1mm，轴向留精加工余量 0.1mm		T0101	800	0.15	2	
3	精车工件外轮廓，并保证各项尺寸要求及精度		T0202	1500	0.06	1	
4	掉头，垫铜皮夹持 φ40mm 外圆处，粗车工件右端外轮廓，径向留精加工余量 1mm，轴向留精加工余量 0.1mm		T0101	800	0.15	2	
5	精加工右端外圆并保证总长至精度要求		T0202	1500	0.06	1	
6	去毛刺，检验			质检			
备注							

5. 参考程序

（1）建立工件、编程坐标系

加工工件左端轮廓时以工件左端面中心处为编程原点，加工工件右端轮廓时以工件右端面中心处为编程原点。

（2）程序编写

1）工件左端轮廓（用 G00、G01 指令编程）

序号	加工程序（左端）	程 序 说 明
N01	O3001;	程序名
N02	M03S800;	主轴正转，转速 800r/min
N03	T0101;	换 1 号外圆粗车刀
N04	M08;	冷却液开
N05	G00X60.0;	快速定位
N06	Z0;	
N07	G01X-1.0F0.1;	车端面（见光）
N08	G00X51.0Z2.0;	退刀
N09	G01Z-60.0F0.15;	粗车 φ50mm 外圆
N10	X60.0;	退刀
N11	G00Z2.0;	
N12	X47.0;	进刀 a_p=2mm
N13	G01Z-34.9;	粗车 φ40mm 外圆，径向留余量 0.1mm
N14	X55.0;	退刀
N15	G00Z2.0;	
N16	X43.0;	进刀
N17	G01Z-34.9;	粗车 φ40mm 外圆，径向留余量 0.1mm
N18	X55.0;	退刀
N19	G00Z2.0;	

序号	加工程序（左端）	程序说明
N20	X37.0;	进刀
N21	G01Z0;	倒角 C2
N22	X41.0Z-2.0;	
N23	G01Z-34.9;	粗车 ϕ40mm 外圆，径向留余量 0.1mm
N24	X55.0;	退刀
N25	G00Z100.0X100.0;	
N26	T0202;	换 2 号精车刀
N27	M03S1500;	主轴正转，转速 1500r/min
N28	G00X45.0Z0;	快速定位
N29	G01X-1.0F0.06;	车端面，保证总长
N30	G00X36.0Z2.0;	退刀
N31	G01Z0F0.06;	倒角 C2
N32	X40.0Z-2.0;	
N33	Z-35.0;	粗车 ϕ40mm 外圆
N34	X48.0;	车台阶面
N35	X50.0W-1.0;	倒角 C1
N36	Z-60.0;	精加工 ϕ50mm 外圆，保证精度要求
N37	G00X100.0;	退刀
N38	Z100.0;	
N39	M30;	程序结束

2）工件右端轮廓（用 G90 指令编程）

序号	加工程序（右端）	程序说明
N01	O3002;	程序名
N02	M03S800;	主轴正转，转速 800r/min
N03	T0101;	换 1 号外圆粗车刀
N04	M08;	冷却液开
N05	G00X60.0;	快速定位
N06	Z0;	
N07	G01X-1.0F0.1;	车端面（见光）
N08	G00X60.0Z2.0;	退刀（G90 的循环定位点）
N09	G90X51Z-45.0F0.15;	G90 格式，车削第一刀 a_p=2mm，轴向余量留 0.1mm
N10	X47.0;	车削第二刀
N11	X43.0;	车削第三刀
N12	X39.0;	车削第四刀
N13	X35.0;	车削第五刀
N14	X31.0;	车削第六刀，径向余量留 1mm
N15	G00X100.0;	退刀
N16	Z100.0;	
N17	T0202;	换 2 号精车刀
N18	M03S1500;	主轴正转，转速 1500r/min
N19	G00X25.925Z2.0;	快速定位
N20	G01Z0F0.06;	进刀

序号	加工程序（右端）	程 序 说 明
N21	X29.925Z-2.0;	倒角 C2（29.925mm 为 ϕ30mm 的中差）
N22	Z-45.1;	车外圆
N23	X49.0;	车台阶面
N24	X51.0W-1.5;	倒角 C1
N37	G00X100.0;	退刀
N38	Z100.0;	
N39	M30;	程序结束

6. 拓展练习

如图 3-15 所示，已知毛坯尺寸为 ϕ65mm×105mm，材料为 45 钢。试制订加工工艺卡，在数控车床上运用 G00、G01、G90 等指令完成该零件的加工。

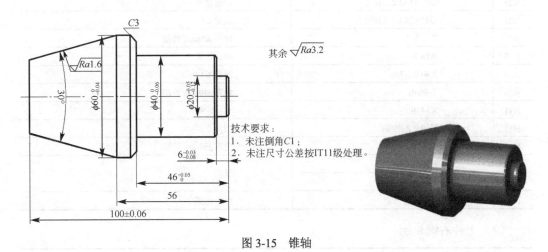

其余 $\sqrt{Ra3.2}$

技术要求：
1. 未注倒角 C1；
2. 未注尺寸公差按 IT11 级处理。

图 3-15　锥轴

（1）工件左端轮廓

序号	加工程序（左端）	程 序 说 明
N01	O0001;	程序名
N02	M03S800;	主轴正转，转速 800r/min
N03	T0101;	换 1 号外圆粗车刀
N04	M08;	冷却液开
N05	G00X62.0;	快速定位
N06	Z0.0;	
N07	G01X-1.0F0.1;	车端面（见光）
N08	G00X65.0;	退刀
N09	Z2.0;	快速定位（G90 的循环定位点）
N10	G90X61.0Z-57.0 F0.15;	粗车ϕ60mm 外圆，径向余量 1mm
N11	X57.0Z-45.9;	粗车ϕ40mm 外圆，轴向余量 0.1mm
N12	X53.0;	车削第二刀
N13	X49.0;	车削第三刀

第1章 第2章 第3章 第4章

序号	加工程序（左端）	程序说明
N14	X45.0;	车削第四刀
N15	X41.0;	车削第五刀，径向余量 1mm
N16	X37.0 Z-5.9;	粗车 ϕ20mm 外圆，轴向余量 0.1mm
N17	X33.0;	车削第二刀
N18	X29.0;	车削第三刀
N19	X25.0;	车削第四刀
N20	X21.0;	车削第五刀，径向余量 1mm
N21	G00X100.0;	退刀
N22	Z100.0;	
N23	T0202;	换 2 号精车刀
N24	M03S1500;	主轴正转，转速 1500r/min
N25	G00X14.0Z2.0;	快速定位
N26	G01X20.0Z-1.0F0.1;	倒角 C1
N27	Z-6.0;	精车 ϕ20mm 外圆
N28	X38.0;	车台阶面
N29	X40.0Z-7.0;	倒角 C1
N30	Z-46.0;	精车 ϕ40mm 外圆
N31	X54.0;	车台阶面
N32	X60.0 Z-49.0;	倒角 C3
N33	Z-57.0;	精车 ϕ60mm 外圆
N34	G00X100.0;	退刀
N35	Z100.0;	
N36	M30;	程序结束

（2）工件右端轮廓

序号	加工程序（右端）	程序说明
N01	O0002;	程序名
N02	M03S800;	主轴正转，转速 800r/min
N03	T0101;	换 1 号外圆粗车刀
N04	M08;	冷却液开
N05	G00X62.0;	快速定位
N06	Z0.0;	
N07	G01X-1.0F0.1;	车端面（见光）
N08	G00X70.0;	退刀
N09	Z5.0;	快速定位（G90 的循环定位点）
N10	G90X68.0Z-44.0R-13.13F0.15;	车圆锥面
N11	X66.0;	车削第二刀
N12	X64.0;	车削第三刀
N13	X62.0;	车削第四刀
N14	X60.0;	车削第五刀
N15	X60.0;	车削第六刀，保证圆锥面粗糙度
N16	G00X100.0;	退刀
N17	Z100.0;	
N18	M30;	程序结束

3.2.2 复合台阶轴类零件的车削加工

相比于单一台阶轴，复合台阶轴主要由一些圆弧曲面、锥面、台阶面、槽、内孔等组成，在数控加工中比单一台阶轴难度较大。因此掌握好复合台阶轴的加工方法是数控车削零件加工中的基础要领。

1. 任务引入

如图 3-16 所示，某数控加工车间现需加工一批台阶轴类零件，毛坯为ϕ60mm×85mm的棒料，材料为 45 钢，现要求在数控车床（FANUC）上完成零件加工，按照图纸要求试完成此任务的数控程序编写。

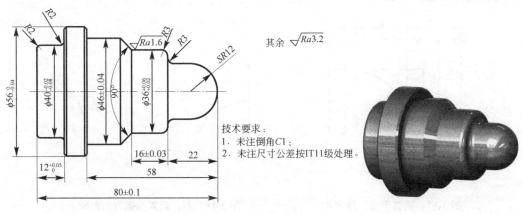

图 3-16　复合台阶轴

2. 任务分析

该零件为台阶轴类零件，台阶轴类零件在数控车加工中属于常见的零件加工，该零件外形主要有单一台阶面、圆弧面、锥面。由于零件加工余量不一致，变化较大，加上有部分圆弧面，所以该零件在编程中可以采用 G02、G03、G71、G70 等编程指令。本任务主要考查在不同情况下 G71 和 G70 指令的应用。

3. 相关知识

（1）G02/G03——圆弧插补指令

圆弧插补指令命令刀具在指定平面内按给定的 F 进给速度做圆弧插补运动，用于加工圆弧轮廓。圆弧插补命令分为顺时针圆弧插补指令 G02 和逆时针圆弧插补指令 G03 两种。

格式：

$$\left.\begin{matrix} \text{G02} \\ \text{G03} \end{matrix}\right\} \; X（U）Z（W） \; \left\{\begin{matrix} I\underline{\quad} \; K\underline{\quad} \\ R\underline{\quad} \end{matrix}\right\} F\underline{\quad};$$

其中，G02 表示顺时针圆弧插补；G03 表示逆时针圆弧插补；X、Z 表示绝对编程时，圆弧终点在坐标系中的坐标；U、W 表示增量编程时，圆弧终点在坐标系中的坐标；I、K 表示圆心相对于起点的增加量（等于圆心的坐标减去圆弧起点的坐标，见图 3-17），在绝对、增量编程时都以增量方式指定，在直径、半径编程时 I 都是半径值；R 表示圆弧半径；F 表示被编程的两个轴的合成进给速度。

注意：同时编入 R 与 I、K 时，R 有效。

顺、逆圆弧的判别：

圆弧插补 G02/G03 的判断是在加工平面内，根据其插补时的旋转方向为顺时针/逆时针来区分的。加工平面为观察者迎着 Y 轴的指向所面对的平面。也就是说从假想第三轴（Y 轴）的正方向往负方向看，刀尖走过的圆弧是顺时针的就是 G02，逆时针的就为 G03，见图 3-18。但是，大家都知道目前大多数数控车的坐标系为图 3-18。所以我们其实是从 Y 轴的负方向往正方向看，那么在这样的坐标系下，我们看到的顺时针则为 G03，逆时针则为 G02，见图 3-19。

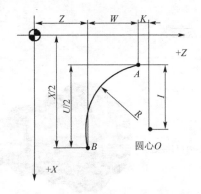

图 3-17　圆弧坐标计算方式

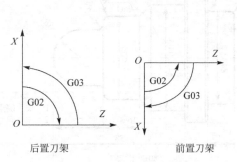

图 3-18　前、后置圆弧方向判断

【例 3-2】　如图 3-20 所示为圆弧插补指令的应用实例。

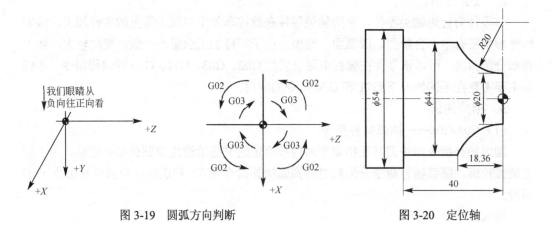

图 3-19　圆弧方向判断　　　　　　　图 3-20　定位轴

程序编写

……

G00X20.0;

G01Z0F0.1;

G02X44.0Z-18.6R20.0;（半径法编程）

G02X44.0Z-18.0I40.0K0;（圆心法编程）

G01Z-40.0;

……

（2）刀具半径补偿使用指令

数控机床在加工过程中，它所控制的是刀具中心的轨迹，为了方便起见，用户总是按零件轮廓编制加工程序，因而为了加工所需的零件轮廓，在进行内轮廓加工时，刀具中心必须向零件的内侧偏移一个刀具半径值；在进行外轮廓加工时，刀具中心必须向零件的外侧偏移一个刀具半径值，如图 3-21 所示。

根据按零件轮廓编制的程序和预先设定的偏置参数，数控装置能实时自动生成刀具中心轨迹，这种功能称为刀具半径补偿功能。

1）理想刀具和实际刀具

理想刀具是具有理想刀尖的刀具。但实际使用的刀具，在切削加工中，为了提高刀尖强度，降低加工表面粗糙度，通常在车刀刀尖处制有一圆弧过渡刃；一般的不重磨刀片刀尖处均呈圆弧过渡，且有一定的半径值；即使是专门刃磨的"尖刀"，其实际状态还是有一定的圆弧倒角，不可能绝对是尖角。因此，实际上真正的刀尖是不存在的，这里所说的刀尖只是一"假想刀尖"，如图 3-22 所示。

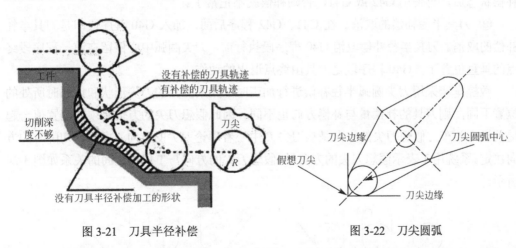

图 3-21　刀具半径补偿　　　　图 3-22　刀尖圆弧

数控车床刀具补偿功能包括刀具位置补偿和刀具圆弧半径补偿两方面。在加工程序中用 T 功能指定，T××××中前两个"×"为刀具号，后两个"×"为刀具补偿号，如 T0202。如果刀具补偿号为 00，则表示取消刀补。

2）刀具半径补偿类型（图 3-23）

① 刀具半径左补偿。从垂直于加工平面坐标轴的正方向朝负方向看过去，沿着刀具运动方向（假设工件不动）看，刀具位于工件左侧的补偿为刀具半径左补偿，用 G41 指令表示。

② 刀具半径右补偿。从垂直于加工平面坐标轴的正方向朝负方向看过去，沿着刀具运动方向（假设工件不动）看，刀具位于工件右侧的补偿为刀具半径右补偿，用 G42 指令表示。

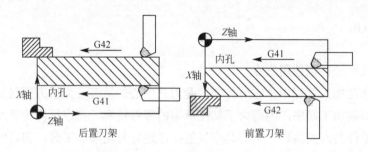

图 3-23　刀具半径左右补偿方式

3）刀具半径补偿的执行过程

① 刀具半径补偿的建立。刀具补偿的建立使刀具中心从与编程轨迹重合过渡到与编程轨迹偏离一个刀尖圆弧半径。刀补程序段内必须有 G00 或 G01 功能才有效，偏移量补偿必须在一个程序段的执行过程中完成，并且不能省略。

② 刀具半径补偿的执行。执行含 G41、G42 指令的程序段后，刀具中心始终与编程轨迹相距一个偏移量。G41、G42 指令不能重复规定使用，即在前面使用了 G41 或 G42 指令之后，不能再直接使用 G42 或 G41 指令。若想使用，则必须先用 G40 指令解除原补偿状态后，再使用 G42 或 G41，否则补偿就不正常了。

③ 刀具半径补偿的取消。在 G41、G42 程序后面，加入 G40 程序段即是刀具半径补偿的取消。刀具半径补偿取消 G40 程序段执行前，刀尖圆弧中心停留在前一程序段终点的垂直位置上，G40 程序段是刀具由终点退出的动作。

数控车床采用刀尖圆弧半径补偿进行加工时，如果刀具的刀尖形状和切削时所处的位置不同，则刀具的补偿量与补偿方向也不同。因此假想刀尖的方位必须同偏置值一起提前设定。车刀假想刀尖的方向是从刀尖 R 中心看理论刀尖的方向，由刀具切削时的方向决定。系统用 T 表示假想刀尖的方向号，假想刀尖的方向与 T 代码之间的关系如图 3-24 所示。

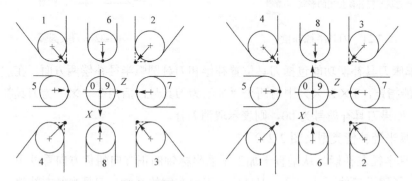

•代表刀具刀位点 A　　+ 代表刀尖圆弧圆心 O　　•代表刀具刀位点 A　　+ 代表刀尖圆弧圆心 O

图 3-24　刀尖方位图

（3）刀具半径补偿意义及作用

数控程序是针对刀具上的某一点即刀位点，按工件轮廓尺寸编制的。车刀的刀位点一般为理想状态下的假想刀尖点或刀尖圆弧圆心点。但实际加工中的车刀，由于工艺或其他要求，刀尖往往不是一理想点，而是一段圆弧。当加工与坐标轴平行的圆柱面和端面轮廓时，刀尖圆弧并不影响其尺寸和形状，但当加工锥面、圆弧等非坐标方向轮廓时，由于刀具切削点在刀尖圆弧上变动，刀尖圆弧将引起尺寸和形状误差，造成少切或多切。这种由于刀尖不是一理想点而是一段圆弧，造成的加工误差，可用刀尖圆弧半径补偿功能来消除。

① 由于刀具的磨损或因换刀引起的刀具半径变化时，不必重新编程，只需修改相应的偏置参数即可。

② 加工余量的预留可通过修改偏置参数实现，而不必为粗、精加工各编制一个程序。

【例3-3】 如图3-25所示，加工此手柄零件，考虑刀尖圆弧半径补偿指令的应用。

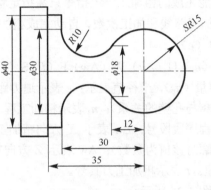

图3-25　圆手柄

程序编写

……

G00X45.0Z2.0;

X0;

G42G01Z0F0.08;

G03X18.0Z-27.0R15.0;

G02X30.0Z-45.0R10.0;

G01X40.0;

Z-50.0;

……

（4）复合循环指令

在数控车床上加工零件时，对于某些具有复杂型面的零件，如果采用普通的G代码指令进行编程，程序较为烦琐，而使用复合循环指令可以在很大程度上简化程序的编制。这些指令包括G70～G76。车削复合循环指令见表3-8。

表 3-8　车削复合循环指令（FANUC 系统）

指　令	名　称	主 要 功 能
G71	轮廓粗车复合循环	用于零件轮廓粗加工
G72	端面粗车复合循环	用于径向单调轮廓型面的粗车循环加工
G73	仿形粗车复合循环	沿着与工件轮廓相似的路径进行粗车循环加工
G70	轮廓精车复合循环	在 G71、G72、G73 指令之后进行精车循环加工
G74	轴向深孔钻削复合循环	用于较深孔的啄式钻孔
G75	径向切槽复合循环	用于切削径向槽
G76	螺纹车削复合循环	用于螺纹车削循环加工

在复合循环中，对零件的轮廓定义之后，即可完成从粗加工到精加工的全过程，使程序得到了进一步的简化。

① 轮廓粗车复合循环指令 G71。轮廓粗车复合循环指令是一种复合循环，适用于零件轮廓需要多次走刀才能完成的粗加工，该指令只需指定精加工路径和粗加工的切削参数，系统会自动计算出加工路线和加工次数，自动完成粗加工，内外径加工均可使用。

格式：G71U（Δd）R（e）；

G71P（n_s）Q（n_f）U（Δu）W（Δw）F（f）S（s）T（t）；

其中，Δd 表示背吃刀量（a_p），半径值表示；e 表示退刀距离，X、Z 向同时退刀（加工内轮廓时要注意退刀距离与孔壁的关系）；n_s 表示精加工程序段起始行程序段段号；n_f 表示精加工程序段结束行程序段段号；Δu 表示 X 方向精加工余量，直径值表示（为外轮廓时该值为正数，内轮廓时该值为负数）；Δw 表示 Z 方向精加工余量；f 表示粗加工进给量；s 表示粗加工转速；t 表示粗加工刀具号。

G71 指令走刀路线如图 3-26 所示。

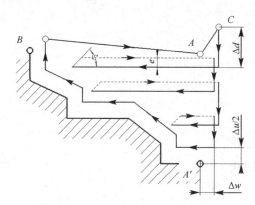

图 3-26　G71 指令刀具运动轨迹

说明：

a. G71 指令只适用于加工具有单调性轮廓的零件；

b. 程序段 n_s～n_f 程序段中的 F、S、T 对粗车无效，只有 G71 程序段之前或者 G71 指令中的 F、S、T 有效；

c. n_s 程序段中不能出现 Z 轴运动指令；

d. G71 指令前需要指定循环定位点；

e. G71 中的 S、T 一般省略不写，在 G71 程序段之前给定；

f. G71 指令在零件加工中的编程模式（FANUC 系统）：

......

......

G00X（X_1）Z（Z_1）;   G71 循环定位点

G71U（ ）R（ ）;

G71P（10）Q（20）U（ ）W（ ）F（ ）;   } G71 格式

N10G00X（X_2）;

G01Z（Z_2）;

......

......

N20G00X（X_1）;   } 精加工零件轮廓

......

......

其中需要注意：X_1 等于毛坯的最大直径值减去精加工 X 方向的余量值；Z_1 一般大于 0 即可；X_2 为轮廓起刀点的 X 值；Z_2 为轮廓起刀点的 Z 值；同一程序中 P、Q 值分别与 n_s、n_f 值保持一致，该值在同一程序中不能出现相同的数值。

【例 3-4】 如图 3-27 所示，应用 G71 指令加工此堵头。

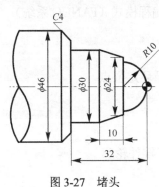

图 3-27　堵头

程序编写：

......

G00X50.0Z2.0;

G71U2R1;

G71P10Q20U1W0.1F0.12;

N1G00X0;

G01Z0;

G03X20.0Z-10.0R10.0;

G01X24.0;

X30.0W-10.0;

Z-32.0;

X38.0;

X50.0Z-6.0;

N20G00X50.0;

G00X100.0Z100.0;

……

② 轮廓精车复合循环指令 G70。轮廓精车复合循环指令也是循环指令的一种，适用于零件轮廓粗加工完后，进行精加工时刀具沿工件实际轨迹进行加工，加工结束后刀具返回循环定位点，该指令一般配合 G71、G72、G73 等指令应用，内外径加工均可使用。

格式：G70P（n_s）Q（n_f）F（f）S（s）T（t）；

其中，n_s 表示精加工程序段起始行程序段段号；n_f 表示精加工程序段结束行程序段段号；f 表示精加工进给量；s 表示精加工转速；t 表示精加工刀具号。

说明：

a. 如果在程序段 n_s~n_f 程序段中指定了 F、S、T，则 G70 格式中 F、S、T 将被取代。

b. G70 中的 T 一般省略不写，在 G70 程序段之前给定。

c. G70 指令前需要指定循环定位点（若直接跟在粗加工指令 n_f 的后边则默认为粗加工的循环定位点）。

d. 同一程序 G70 中的 n_s、n_f 值要与粗加工指令中的 n_s、n_f 值保持一致。

G70 指令在零件加工中的编程模式（FANUC 系统）：

模式一

……

G00X（X_1）Z（Z_1）；　　循环定位点

……

N10G00X（X_2）；

G01Z（Z_2）；

……

N20G00X（X_1）；

精加工零件轮廓

G70P（10）Q（20）F（）S（）；　该加工循环定位点默认上边循环定位点

……

模式二

……

G00X（X_1）Z（Z_1）；　　循环定位点

……

N10G00X（X_2）；

G01Z（Z_2）；

……

N20G00X（X_1）；

精加工零件轮廓

```
G00X100.0;
Z100.0;
M05;
M09;        精车前对粗车尺寸进行测量，调整刀具补偿值，保证加工精度
M00;
M03S1000;
T0101;
G00X（$X_1$）Z（$Z_1$）;        G70 的循环定位点，该循环定位点需要加工者重新定义
G70P（10）Q（20）F（）;
......
......
```

注：以上编程模式只是两种常用的编程模式，对于循环指令而言还有其他编程模式，有兴趣的读者可以探索其他的编程模式。

4. 任务实施

（1）图样分析

该零件如图 3-18 所示，它为台阶轴类零件，由图可知该零件由台阶、圆弧面组成，最高加工精度为 0.04mm，表面粗糙度 Ra 为 1.6～3.2μm，无形位公差要求。

（2）装夹方式

由于该零件毛坯为圆棒形状，且零件为简单台阶轴，故选用三爪自定心卡盘装夹零件，如图 3-16 所示。

制订的加工工艺卡片见表 3-9 和表 3-10。

表 3-9　刀量具调整卡

刀具号	T0101		T0202
刀具类型			
	外圆粗车刀		外圆精车刀
量具类型	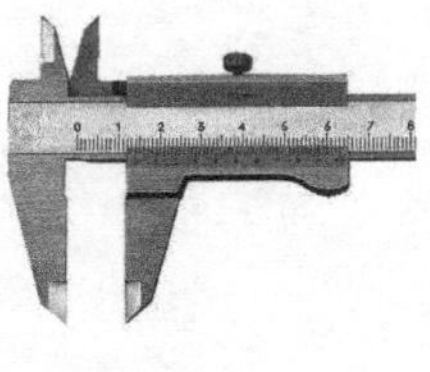		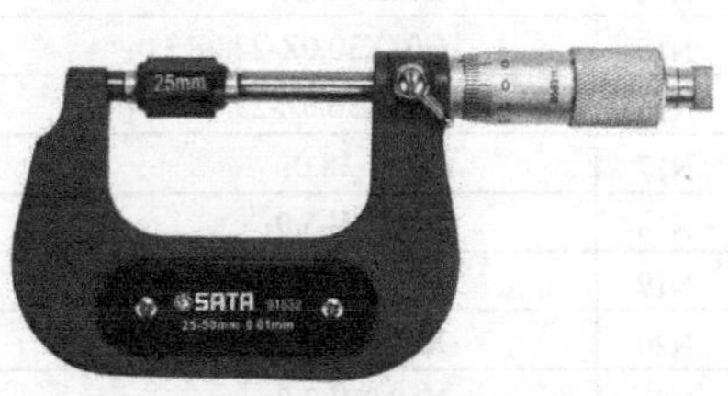
	游标卡尺	R 规	外径千分尺
规格	0～150mm	1～15mm	25～50mm/50～75mm

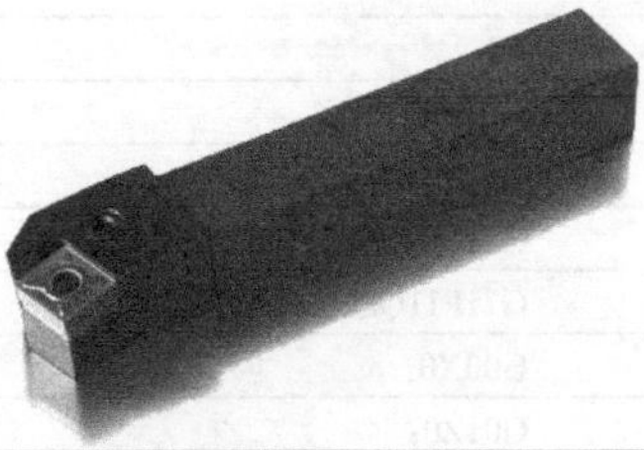

表 3-10　数控加工工艺卡

零件名称	台阶轴	数量		100 件		年　　月	
材料	45 钢	规格		$\phi 60mm \times 85mm$		加工者	
工步	工 步 内 容		刀具号	主轴转速 /（r/min）	进给速度 /（mm/r）	背吃刀量 /mm	
1	装夹工件，伸出卡爪端面 65mm 长夹紧，端面见光						
2	粗车工件右端外轮廓，分别粗车 $\phi 24mm$、$\phi 36mm$ 和 $\phi 46mm$ 外圆，长度车至 60mm 径向留精加工余量 1mm，轴向留精加工余量 0.1mm		T0101	800	0.15	2	
3	精车工件外轮廓，并保证各项尺寸要求及精度		T0202	1500	0.06	1	
4	掉头，垫铜皮夹持 $\phi 46mm$ 外圆处，粗车工件左端外轮廓，保证总长 80.5mm，径向留精加工余量 1mm，轴向留精加工余量 0.1mm		T0101	800	0.15	2	
5	精加工左端外圆并保证总长至精度要求		T0202	1500	0.06	1	
6	去毛刺，检验			质检			
备注							

5. 参考程序

（1）建立工件、编程坐标系

加工工件右端轮廓时以工件右端面中心处为编程原点，加工工件左端轮廓时以工件左端面中心处为编程原点。

（2）程序编写

1）工件右端轮廓

序号	加工程序（右端）	程 序 说 明
N01	O3003;	程序名
N02	M03S800;	主轴正转，转速 800r/min
N03	T0101;	换 1 号外圆粗车刀
N04	M08;	冷却液开
N05	G00X65.0;	快速定位
N06	Z0;	
N07	G01X-1.0F0.1;	车端面（见光）
N08	G00X60.0Z2.0;	退刀（G71 的循环定位点）
N09	G71U2.0R1.0;	G71 指令格式
N10	G71P11Q22U1.0W0.1F0.15;	
N11	G00X0;	工件右端轮廓粗加工
N12	G01Z0;	
N13	G03X24.0Z-12.0R12.0;	
N14	G01Z-19.0;	
N15	G02X30.0Z-22.0R3.0;	
N16	G03X36.0Z-25.0R3.0;	
N17	G01Z-38.0;	
N18	X46.0W-5.0;	
N19	Z-58.0;	
N20	X54.0;	
N21	X58.0W-2.0;	
N22	G00X60.0;	
N23	G00X100.0;	退刀
N24	Z100.0;	

序号	加工程序（右端）	程序说明	
N25	M05;	主轴停止	
N26	M09;	冷却液关	粗加工后精加工前尺寸测量
N27	M00;	程序暂停	
N28	T0202;	换2号精车刀	
N29	M03S1500;	主轴正转，转速1500r/min	
N30	M08;	冷却液开	
N31	G00X60.0Z2.0;	快速定位	
N32	G70P11Q22F0.06;	G70精加工指令	
N33	G00X100.0;	退刀	
N34	Z100.0;		
N35	M30;	程序结束	

2）工件左端轮廓

序号	加工程序（左端）	程序说明	
N01	O3004;	程序名	
N02	M03S800;	主轴正转，转速800r/min	
N03	T0101;	换1号外圆粗车刀	
N04	M08;	冷却液开	
N05	G00X65.0;	快速定位	
N06	Z0;		
N07	G01X-1.0F0.1;	车端面（见光）	
N08	G00X60.0Z2.0;	退刀（G71的循环定位点）	
N09	G71U2.0R1.0;	G71粗加工指令格式	
N10	G71P11Q19U1.0W0.1F0.15;		
N11	G00X36.0;		
N12	G01Z0;		
N13	G02X40.0Z-2.0R2.0;		
N14	G01Z-10.0;		
N15	G03X44.0Z-12.0R2.0;	工件左端外轮廓粗加工	
N16	G01X54.0;		
N17	X56.0W-1.0;		
N18	Z-22.0;		
N19	G00X60.0;		
N20	G00X100.0;	退刀	
N21	Z100.0;		
N22	M05;	主轴停止	
N23	M09;	冷却液开	粗加工后精加工前尺寸测量
N24	M00;	程序暂停	
N25	T0202;	换2号精车刀	
N26	M03S1500;	主轴正转，转速1500r/min	
N27	G0060.0Z2.0;	快速定位	
N28	G70P11Q19F0.06;	G70精加工指令格式	
N29	G00X100.0;	退刀	
N30	Z100.0;	退刀	
N31	M30;	程序结束	

6. 拓展练习

如图 3-28 所示，已知毛坯尺寸为 φ65mm×105mm，材料为硬铝。试制订加工工艺卡，在数控车床上运用 G00、G01、G90 等指令完成该零件的加工。

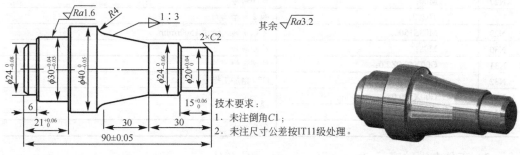

图 3-28　锥轴

（1）工件左端轮廓

序号	加工程序（左端）	程序说明
N01	O0001;	程序名
N02	M03S800;	主轴正转，转速 800r/min
N03	T0101;	换 1 号外圆粗车刀
N04	M08;	冷却液开
N05	G00X67.0;	快速定位
N06	Z0;	
N07	G01X-1.0F0.1;	车端面（见光）
N08	G00X70.0;	退刀
N09	Z2.0;	快速定位（G90 的循环定位点）
N10	G90 X61.0 Z-30.0F0.1;	粗车 φ60mm 外圆
N11	X57.0;	车第二刀
N12	X53.0;	车第三刀
N13	X49.0;	车第四刀
N14	X45.0;	车第五刀
N15	X41.0;	车第六刀，径向余量 1mm
N16	X37.0 Z-20.9;	粗车 φ30mm 外圆，轴向余量 0.1mm
N17	X33.0;	车第二刀
N18	X31.0;	车第三刀，径向余量 1mm
N19	X27.0 Z-5.9;	粗车 φ24mm 外圆，轴向余量 0.1mm
N20	X25.0;	车第二刀，径向余量 1mm
N21	G00X100.0;	退刀
N22	Z100.0;	
N23	T0202;	换 2 号精车刀
N24	M03S1500;	主轴正转，转速 1500r/min
N25	G00X22.0;	快速定位
N26	Z0.0;	
N27	G01X24.0Z-1.0F0.1;	C1 倒角
N28	Z-6.0;	精车 φ24mm 外圆
N29	X28.0;	车台阶面
N30	X30.0 Z-7.0;	C1 倒角

续表

序号	加工程序（左端）	程序说明
N31	Z-21.0;	精车ϕ30mm 外圆
N32	X38.0;	车台阶面
N33	X40.0 Z-22.0;	C1 倒角
N34	Z-30.0;	精车ϕ40mm 外圆
N35	G00X100.0;	退刀
N36	Z100.0;	
N37	M30;	程序结束

（2）工件右端轮廓

序号	加工程序（右端）	程序说明	
N01	O0002;	程序名	
N02	M03S800;	主轴正转，转速 800r/min	
N03	T0101;	换 1 号外圆粗车刀	
N04	M08;	冷却液开	
N05	G00X70.0;	快速定位	
N06	Z0;		
N07	G01X-1.0F0.1;	车端面（见光）	
N08	G00X70.0Z2.0;	退刀（G71 的循环定位点）	
N09	G71U2.0R1.0;	G71 粗加工指令格式	
N10	G71P11Q20U1.0W0.1F0.15;		
N11	G00X16.0;		
N12	G01Z0;		
N13	G01X20.0Z-2.0;		
N14	G01Z-15.0;		
N15	G01X22.0;		
N16	G01X24.0Z-16.0;	工件左端外轮廓粗加工	
N17	G01Z-30.0;		
N18	G01X34.0Z-60.0;		
N19	G02X42.0Z-62.0R4.0;		
N20	G00X70.0;		
N21	G00X100.0;	退刀	
N22	Z100.0;		
N23	M05;	主轴停止	
N24	M09;	冷却液关	粗加工后精加工前尺寸测量
N25	M00;	程序暂停	
N26	T0202;	换 2 号精车刀	
N27	M03S1500;	主轴正转，转速 1500r/min	
N28	G0070.0Z2.0;	快速定位	
N29	G70P11Q20F0.06;	G70 精加工指令格式	
N30	G00X100.0;	退刀	
N31	Z100.0;	退刀	
N32	M30;	程序结束	

3.2.3 盘盖类零件的车削加工

在机械制造与加工中我们常常能看到各种轮子、法兰盘、轴承盖及圆盘等盘盖类零件，这类零件主要起压紧、密封、支承、分度及防护等作用。它们的主要部分一般由回转体结构构成，常常有均匀分布的孔、销孔、肋板及凸台等结构。

1．任务引入

如图 3-29 所示，某数控加工车间现需加工一批盖类零件，毛坯为 ϕ85mm×30mm 的棒料，材料为 45 钢，内孔不加工，现要求在数控车床（FANUC）上完成零件的外轮廓加工，按照图纸要求试完成此任务的数控程序编写及工艺卡片编制。

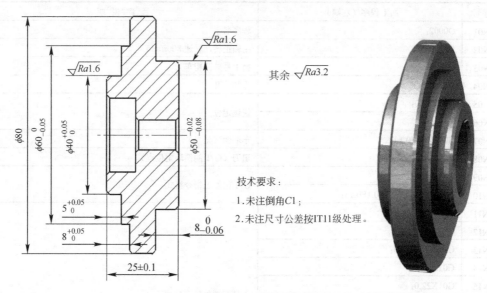

其余 $\sqrt{Ra3.2}$

技术要求：
1. 未注倒角C1；
2. 未注尺寸公差按IT11级处理。

图 3-29　上盖

2．任务分析

该零件为盘盖类零件，盘盖类零件在数控车加工中属于常见的零件加工。该零件主要由单一台阶面组成，所以该零件在编程中可以采用 G72、G70 等编程指令。本任务主要考查在不同情况下 G72 和 G70 指令的应用。

3．相关知识

端面粗车循环是一种复合循环车削指令，主要适用于 Z 向余量小而 X 向余量大的盘类零件加工。

① 格式：G72 W（Δd）R（e）；

　　　　　G72 P（n_s）Q（n_f）U（Δu）W（Δw）F（f）S（s）T（t）；

其中，Δd 表示每次沿 Z 向分层的切削深度，无正负号；e 表示 Z 方向的退刀距离；n_s 表示精加工程序段起始行程序段段号；n_f 表示精加工程序段结束行程序段段号；Δu 表示 X 方向精加工余量，直径值表示（为外轮廓时该值为正数，内轮廓时该值为负数）；Δw 表示 Z 方向精加工余量；f 表示粗加工进给量；s 表示粗加工转速；t 表示粗加工刀具号。

G72 指令走刀路线如图 3-30 所示。

② 说明：

a. G72 指令只适用于加工具有单调性轮廓的零件；

b. 程序段 $n_s \sim n_f$ 程序段中的 F、S、T 对粗车无效，只有 G72 程序段之前或者 G72 指令中的 F、S、T 有效；

c. n_s 程序段中不能出现 X 轴运动指令；

d. G72 指令前需要指定循环定位点；

e. 可与 G70 配合使用。

【例 3-5】 如图 3-31 所示，应用 G72 指令加工此盘类零件。

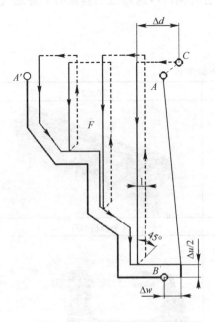

图 3-30 G72 指令刀具运动轨迹

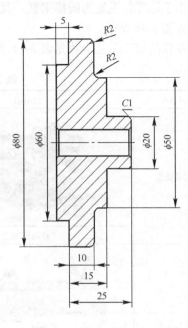

图 3-31 前挡片

......

G00X85.0Z2.0;

G72W5.0R1.0;

G72P10Q20U0.5W0.1F0.15;

N10G00Z-25.0;

G01X80.0;

Z-17.0;

G02X76.0Z-15.0R2.0;

G01X54.0;

G03X50.0Z-13.0R2.0;

G01Z-10.0;

X20.0;

Z-1.0;

X18.0Z0;

X5.0;

N20G85.0;

......

4．任务实施

（1）图样分析

该零件如图 3-31 所示，为盘类零件，由图可知该零件由台阶、圆弧面组成，最高加工精度为 0.05mm，表面粗糙度 *Ra* 为 1.6～3.2μm，无形位公差要求。

（2）装夹方式

由于该零件毛坯为圆棒形状，且零件为简单台阶轴，故选用三爪自定心卡盘装夹零件，如图 3-16 所示。

制订的加工工艺卡片见表 3-11 和表 3-12。

表 3-11　刀量具调整卡

刀具号	T0101	T0202
刀具类型		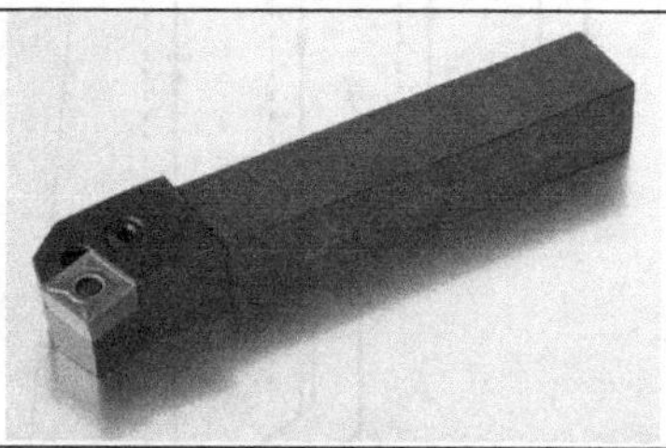
	外圆粗车刀	外圆精车刀
量具类型	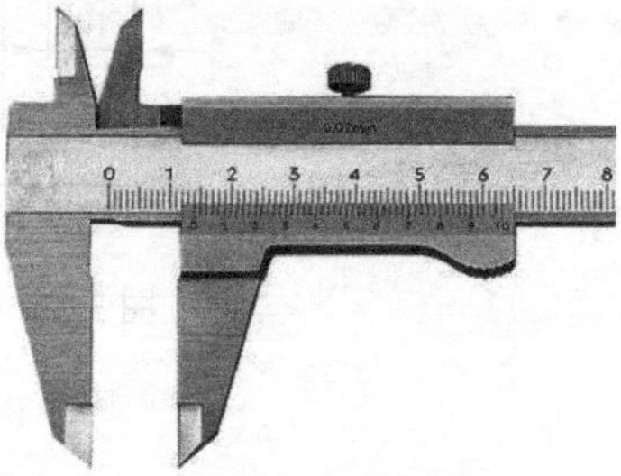	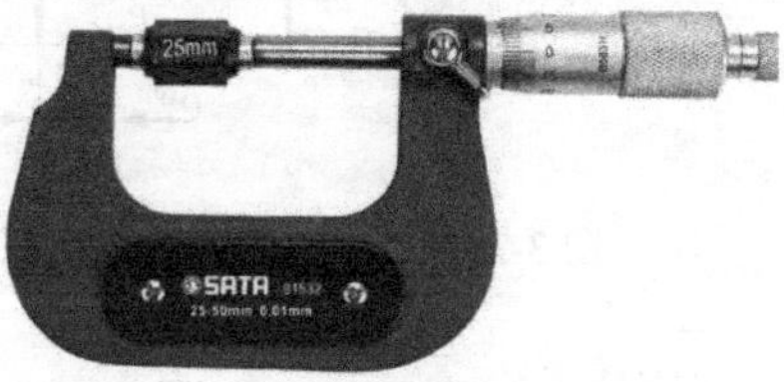
	游标卡尺	外径千分尺
规格	0～150mm	50～75 mm/75～100mm

表 3-12　数控加工工艺卡

零件名称	台阶轴	数量		60 件		年　月
材料	45 钢	规格		ϕ85 mm×30mm		加工者
工步	工步内容			刀具号	主轴转速 /（r/min）	进给速度 /（mm/r）	背吃刀量 /mm

工步	工步内容	刀具号	主轴转速 /（r/min）	进给速度 /（mm/r）	背吃刀量 /mm
1	装夹工件，伸出卡爪端面 10mm 长夹紧，端面见光				
2	粗车工件右端外轮廓 ϕ50mm 的外圆，长度车至 8mm 径向留精加工余量 1mm，轴向留精加工余量 0.1mm	T0101	800	0.1	2

零件名称	台阶轴	数量		60 件		年　月	
材料	45 钢	规格		φ85 mm×30mm		加工者	
工步	工步内容		刀具号	主轴转速 /（r/min）	进给速度 /（mm/r）	背吃刀量 /mm	
3	精车工件外轮廓，并保证各项尺寸要求及精度		T0202	1000	0.05	1	
4	掉头，垫铜皮夹持φ50mm 外圆处，粗车工件左端外轮廓，保证总长 25mm，径向留精加工余量 1mm，轴向留精加工余量 0.1mm		T0101	800	0.1	2	
5	精加工左端外圆并保证总长至精度要求		T0202	1000	0.05	1	
6	去毛刺，检验				质检		
备注							

5. 参考程序

（1）建立工件、编程坐标系

加工工件右端轮廓时以工件右端面中心处为编程原点，加工工件左端轮廓时以工件左端面中心处为编程原点。

（2）程序编写

1）工件右端轮廓

序号	加工程序	程序说明	
N01	O3005;	程序名	
N02	M03S800;	主轴正转，转速 800r/min	
N03	T0101;	换 1 号外圆粗车刀	
N04	M08;	冷却液开	
N05	G00X90.0;	快速定位	
N06	Z0;		
N07	G01X-1.0F0.1;	车端面（见光）	
N08	G00X90.0Z2.0;	退刀（G72 的循环定位点）	
N09	G72W5.0R1.0;	G72 指令格式	
N10	G72P11Q17U1.0W0.1F0.1;		
N11	G00Z-10.0;		
N12	G01X82.0;		
N13	X78.0Z-8.0;		
N14	X49.95;	工件右端轮廓粗加工	
N15	X47.95Z0;		
N16	X-1.0;		
N17	G00Z2.0;		
N18	M05;	主轴停止	粗加工后精加工前尺寸测量
N19	M09;	冷却液关	
N20	M00;	程序暂停	
N21	T0202;	换 2 号精车刀	
N22	M03S1000;	主轴正转，转速 1000r/min	
N23	M08;	冷却液开	
N24	G00X85.0Z2.0;	G70 循环定位点	
N25	G70P11Q22F0.05;	G70 精加工指令	
N26	G00X100.0;	退刀	
N27	Z100.0;		
N28	M30;	程序结束	

2）工件左端轮廓

序号	加 工 程 序	程 序 说 明	
N01	O3006；	程序名	
N02	M03S800；	主轴正转，转速 800r/min	
N03	T0101；	换 1 号外圆粗车刀	
N04	M08；	冷却液开	
N05	G00X90.0；	快速定位	
N06	Z0；		
N07	G01X-1.0F0.1；	车端面（见光）	
N08	G00X90.0Z2.0；	退刀（G72 的循环定位点）	
N09	G72W5.0R1.0；	G72 指令格式	
N10	G72P11Q21U1.0W0.1F0.1；		
N11	G00Z-17.0；		
N12	G01X80.0；		
N13	Z-9.0；		
N14	X78.0Z-8.0；		
N15	X60.0；		
N16	Z-5.0；	工件左端轮廓粗加工	
N17	X40.0；		
N18	Z-1.0；		
N19	X38.0Z0；		
N20	X-1.0；		
N21	G00Z2.0；		
N22	M05；	主轴停止	
N23	M09；	冷却液关	粗加工后精加工前尺寸测量
N24	M00；	程序暂停	
N25	T0202；	换 2 号精车刀	
N26	M03S1000；	主轴正转，转速 1000r/min	
N27	M08；	冷却液开	
N28	G00X85.0Z2.0；	G70 循环定位点	
N29	G70P11Q22F0.05；	G70 精加工指令	
N30	G00X100.0；	退刀	
N31	Z100.0；		
N32	M30；	程序结束	

6. 拓展练习

如图 3-32 所示的法兰盘，已知毛坯尺寸为 $\phi95mm×25mm$，材料为硬铝。内孔不加工，试制订加工工艺卡，在数控车床上完成该零件的加工。

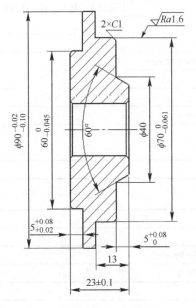

其余 $\sqrt{Ra3.2}$

技术要求:
1. 未注倒角C0.5;
2. 未注尺寸公差按IT11级处理。

图 3-32　法兰盘

（1）工件右端轮廓

序号	加工程序	程序说明
N01	O0001;	程序名
N02	M03S800;	主轴正转，转速 800r/min
N03	T0101;	换 1 号外圆粗车刀
N04	M08;	冷却液开
N05	G00X97.0;	快速定位
N06	Z0;	
N07	G01X-1.0F0.1;	车端面（见光）
N08	G00X95.0Z2.0;	退刀（G72 的循环定位点）
N09	G72W5.0R1.0;	G72 指令格式
N10	G72P11Q20U1.0W0.1F0.1;	
N11	G00Z-18.0;	
N12	G01X90.0;	
N13	Z-13.0;	
N14	X70.0;	
N15	Z-5.5;	工件右端轮廓粗加工
N16	X69.0Z-5.0;	
N17	X40.0;	
N18	X28.46Z0.0;	
N19	X-1.0;	

序号	加工程序	程序说明	
N20	G00Z2.0;		
N21	M05;	主轴停止	
N22	M09;	冷却液关	粗加工后精加工前尺寸测量
N23	M00;	程序暂停	
N24	T0202;	换 2 号精车刀	
N25	M03S1000;	主轴正转,转速 1000r/min	
N26	M08;	冷却液开	
N27	G00X95.0Z2.0;	G70 循环定位点	
N28	G70P11Q20F0.05;	G70 精加工指令	
N29	G00X100.0;	退刀	
N30	Z100.0;		
N31	M30;	程序结束	

（2）工件左端轮廓

序号	加工程序	程序说明	
N01	O0002;	程序名	
N02	M03S800;	主轴正转,转速 800r/min	
N03	T0101;	换 1 号外圆粗车刀	
N04	M08;	冷却液开	
N05	G00X97.0;	快速定位	
N06	Z0;		
N07	G01X-1.0F0.1;	车端面（见光）	
N08	G00X95.0Z2.0;	退刀（G72 的循环定位点）	
N09	G72W5.0R1.0;	G72 指令格式	
N10	G72P11Q18U1.0W0.1F0.1;		
N11	G00Z-10.0;	工件左端轮廓粗加工	
N12	G01X90.0;		
N13	Z-5.0;		
N14	X60.0;		
N15	Z-0.5;		
N16	X59.0Z0.0;		
N17	X-1.0;		
N18	G00Z2.0;		
N22	M05;	主轴停止	
N23	M09;	冷却液关	粗加工后精加工前尺寸测量
N24	M00;	程序暂停	
N25	T0202;	换 2 号精车刀	
N26	M03S1000;	主轴正转,转速 1000r/min	
N27	M08;	冷却液开	
N28	G00X95.0Z2.0;	G70 循环定位点	
N29	G70P11Q18F0.05;	G70 精加工指令	
N30	G00X100.0;	退刀	
N31	Z100.0;		
N32	M30;	程序结束	

3.2.4 套类零件的加工

套类零件是指带有孔的零件，主要由较高同轴要求的内外圆表面组成，零件的壁厚较小，易产生变形，轴向尺寸一般大于外圆直径。在机械零件中主要起支承和导向作用。

1. 任务引入

如图 3-33 所示，某数控加工车间现需加工一批套类零件，毛坯为 $\phi85mm×45mm$ 的棒料，材料为 45 钢，现要求在数控车床（FANUC）上完成零件的外轮廓加工，按照图纸要求试完成此任务的数控程序编写及工艺卡片编制。

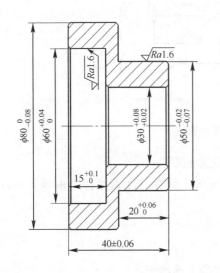

其余 $\sqrt{Ra3.2}$

技术要求：
1. 未注倒角C0.5；
2. 未注尺寸公差按IT11级处理。

图 3-33　定位套

2. 任务分析

该零件为套类零件，套类零件在数控车加工中属于常见的零件加工，该零件主要由单一台阶面组成。由于零件加工余量不一致，变化较大，所以该零件在编程中可以采用 G71、G70 等编程指令。本任务主要考查 G71 和 G70 指令的内孔加工。

3. 相关知识

（1）内轮廓粗车复合循环指令 G71（内孔）

内轮廓粗车复合循环指令是一种复合循环，适用于零件轮廓需要多次走刀才能完成的粗加工，该指令只需指定精加工路径和粗加工的切削参数，系统会自动计算出加工路线和加工次数，自动完成粗加工，内外径加工均可使用。

格式：G71U（Δd）R（e）；
　　　G71P（n_s）Q（n_f）U（Δu）W（Δw）F（f）S（s）T（t）；

其中，Δd 表示背吃刀量（a_p），半径值表示；e 表示退刀距离，X、Z 向同时退刀（加工内轮廓时要注意退刀距离与孔壁的关系）；n_s 表示精加工程序段起始行程序段段号；n_f 表示精加工程序段结束行程序段段号；Δu 表示 X 方向精加工余量，直径值表示（外轮廓时该值为正数，内轮廓时该值为负数）；Δw 表示 Z 方向精加工余量；f 表示粗加工进给量；s 表示粗加工转速；t 表示粗加工刀具号。

G71 指令走刀路线如图 3-34 所示。

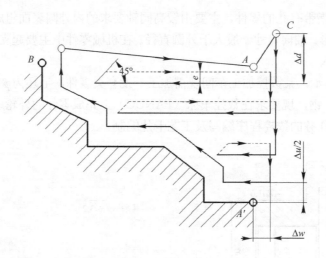

图 3-34　G71 指令刀具运动轨迹

说明：a. G71 指令只适用于加工具有单调性轮廓的零件；

b. 程序段 $n_s \sim n_f$ 程序段中的 F、S、T 对粗车无效，只有 G71 程序段之前或者 G71 指令中的 F、S、T 有效；

c. n_s 程序段中不能出现 Z 轴运动指令；

d. G71 指令前需要指定循环定位点；

e. G71 中的 S、T 一般省略不写，在 G71 程序段之前给定。

G71 指令在零件加工中的编程模式（FANUC 系统）：

……

……

G00X（X_1）Z（Z_1）；　　　　　　　　　G71 循环定位点

G71U（　）R（　）；　　　　　　　　　　　　} G71 格式

G71P（10）Q（20）U（　）W（　）F（　）；

N10G00X（X_2）；　　}

G01Z（Z_2）；

……　　} 精加工零件轮廓

……

N20G00X（X_1）；

……

……

其中需要注意：

a. X_1 等于毛坯的最大直径值减去精加工 X 方向的余量值。

b. Z_1 一般大于 0 即可。

c. X_2 为轮廓起刀点的 X 值。

d. Z_2 为轮廓起刀点的 Z 值。

e. 同一程序中 P、Q 值分别与 n_s、n_f 值保持一致，该值在同一程序中不能出现相同的数值。

（2）轮廓精车复合循环指令 G70

编程模式同外轮廓加工。

（3）深孔钻/端面槽循环指令 G74

G74 指令称为端面沟槽循环指令，该指令可以实现深槽的断屑加工，如果忽略了 X(U) 和 P，只有 Z 轴的移动，则可作为 Z 向啄式钻孔循环，故又称深孔钻削循环，如图 3-35 所示。

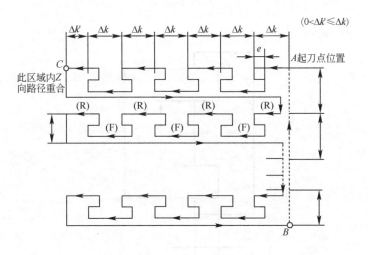

图 3-35　G74 指令循环路线

1）端面沟槽复合循环

指令格式：

G74 R(e)；

G74　X(U)　Z(W)　P(Δi)　Q(Δk)　　R(Δd)　F(f)；

式中　e——分层切削每次退刀量，该值是模态值，在下次指定之前均有效，由程序指令修改；

　　　X——X 向终点绝对坐标；

　　　Z——最大切深点的 Z 向终点绝对坐标；

　　　U——X 向终点增量坐标；

　　　W——最大切深点的 Z 向终点增量坐标；

　　　Δi——沿轴向切完一个刀宽后退出，在 X 向的移动量（无符号值），m，半径值，其值小于刀宽；

　　　Δk——切槽过程中轴向（Z 向）的切入量，m；

　　　Δd——刀具在槽底的退刀量，用正值指定（可缺省），如果省略 X(U) 和 Δk 时，要指定退刀方向的符号；

f——切槽时的进给量。

式中 e 和 Δd 都用地址 R 指定,其意义由地址 X(U)决定,如果指定 X(U)时,就为 Δd。

【例 3-6】 如图 3-36 所示,应用 G74 指令加工此槽类零件。

……

G00X16.0;

Z2.0;

G74R1.0;

G74X32.0Z-6.0P2000Q3000F0.05;

G00Z100.0;

……

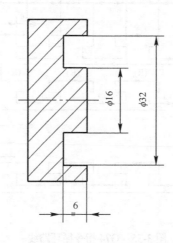

图 3-36 连接盖

2)啄式钻孔

该循环指令使刀具进行断续的钻孔加工,具有便于排屑和断屑的特点。

格式:

G74R(e);

G74Z(w)Q(Δk)F;

其中,e 为退刀量;Z(w)为钻削深度;Q(Δk)为每次钻削长度。

【例 3-7】 如图 3-37 所示,应用 G74 指令加工此槽类零件。

……

G00X0;

Z2.0;

G74R2.0;

G74Z-50.0Q20.0F0.2;

G00Z100.0;

……

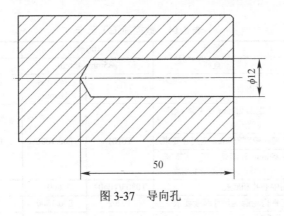

$\phi 12$

50

图 3-37　导向孔

4. 任务实施

（1）图样分析

该零件如图 3-33 所示，为套类零件，由图可知该零件由台阶组成，最高加工精度为 0.04mm，表面粗糙度 Ra 为 1.6～3.2μm，无形位公差要求。

（2）装夹方式

由于该零件毛坯为圆棒形状，且零件为简单台阶轴，故选用三爪自定心卡盘装夹零件，如图 3-14 所示。

制订的加工工艺卡片见表 3-13 和表 3-14。

表 3-13　刀量具调整卡

刀具号	T0101		T0202
刀具类型	外圆车刀		内孔车刀
	T0303		T0404
	中心钻		麻花钻
量具类型	游标卡尺	内径千分尺	外径千分尺

表 3-14　数控加工工艺卡

零件名称	台阶轴	数量		100件		年　月	
材料	45钢	规格		∅85mm×45mm		加工者	
工步	工步内容		刀具号	主轴转速 / (r/min)	进给速度 / (mm/r)	背吃刀量 /mm	
1	装夹工件，伸出卡爪端面25mm长夹紧，端面见光		T0101	800/1000	0.12/0.06	2	
2	粗、精车工件右端外轮廓∅50mm至尺寸要求						
3	掉头垫铜皮加持∅50mm外圆处，粗、精车端面及左端∅80mm外圆，并保证加工精度						
4	钻中心孔和底孔		T0303/T0404	600	0.08	1	
5	粗、精加工工件内轮廓至尺寸精度要求		T0202	800/1000	0.1/0.06	1.5	
6	去毛刺，检验				质检		
备注							

5. 参考程序

（1）建立工件、编程坐标系

加工工件右端轮廓时以工件右端面中心处为编程原点，加工工件左端轮廓时以工件左端面中心处为编程原点。

（2）程序编写

1）工件右端轮廓

序号	加工程序（右端）	程序说明
N01	O3007;	程序名
N02	M03S800;	主轴正转，转速800r/min
N03	T0101;	换1号外圆车刀
N04	M08;	冷却液开
N05	G00X90.0;	快速定位
N06	Z0;	
N07	G01X-1.0F0.1;	车端面（见光）
N08	G00X90.0Z2.0;	退刀（G90的循环定位点）
N09	G90X81.0Z-19.9F0.12;	G90格式
N10	X77.0;	
N11	X73.0;	
N12	X69.0;	
N13	X65.0;	
N14	X61.0;	分刀车削台阶 a_p=2.0mm
N15	X57.0;	
N16	X53.0;	
N17	X51.0;	
N18	G00X48.0Z2.0;	退刀
N19	M03S1000;	变转速1000r/min，精加工
N20	G01Z0F0.06;	
N21	X50.0Z-1.0;	
N22	Z-20.0;	精加工轮廓程序
N23	X78.0;	
N24	X82.0Z-22.0;	
N25	G00X100.0;	退刀
N26	Z100.0;	
N27	M30;	程序结束

2）工件左端轮廓

序号	加工程序（左端）	程序说明
N01	O3008;	程序名
N02	M03S800;	主轴正转，转速 800r/min
N03	T0101;	换 1 号外圆车刀
N04	M08;	冷却液开
N05	G00X90.0;	快速定位
N06	Z0;	
N07	G01X-1.0F0.1;	车端面（见光）
N08	G00X81.0Z2.0;	退刀
N09	G01Z-20F0.12;	粗加工外圆
N10	G00X100.0;	退刀
N11	Z2.0;	
N12	M03S1000;	变转速，精加工 1000r/min
N13	T0101;	
N14	G00X78.0;	
N15	G01Z0F0.06;	精加工轮廓
N16	X80.0Z-1.0;	
N17	Z-20.0;	
N18	G00X100.0;	退刀
N19	Z100.0;	
N20	T0303;	换 3 号刀，中心钻
N21	M03S600;	主轴正转 600r/min
N22	M08;	冷却液开
N23	G00X0;	快速定位
N24	Z2.0;	
N25	G01Z-3.0F0.08;	钻中心孔
N26	G00Z100.0;	退刀
N27	X100.0;	
N28	T0404;	换 4 号刀 ϕ26mm 麻花钻
N29	M03S600;	主轴正转 600r/min
N30	M08;	冷却液开
N31	G00X0;	G74 循环定位点
N32	Z2.0;	
N33	G74R2.0;	G74 指令格式
N34	G74Z-50.0Q20.0F0.2;	
N35	G00Z100.0;	退刀
N36	X100.0;	
N37	T0202;	换 2 号内孔刀
N38	M03S800;	主轴正转 800r/min
N39	M08;	冷却液开
N40	G00X26.0;	G71 循环定位点
N41	Z2.0;	
N42	G71U1.5R1.0;	G71 指令格式
N43	G71P44Q51U-1W0.1F0.1;	

序号	加工程序（左端）	程 序 说 明
N44	G00X62.0;	
N45	G01Z0;	
N46	X60.0Z-1.0;	
N47	Z-15.0;	
N48	X32.0;	内孔轮廓粗加工
N49	X30.0W-1.0;	
N50	Z-42.0;	
N51	G00X26.0;	
N52	G70P44Q51F0.08S1000;	内孔轮廓精加工
N53	G00Z100.0;	退刀
N54	X100.0;	
N55	M30;	程序结束

6. 拓展练习

如图 3-38 所示的端盖，已知毛坯尺寸为 $\phi50\text{mm}\times30\text{mm}$，材料为碳钢。试制订加工工艺卡，在数控车床上完成该零件的加工。

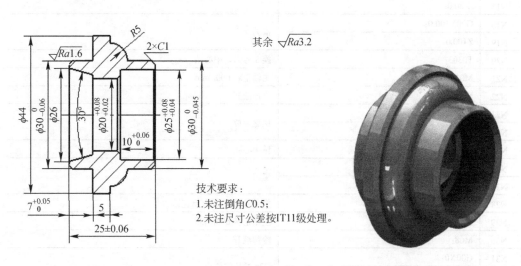

其余 $\sqrt{Ra3.2}$

技术要求：
1. 未注倒角 C0.5；
2. 未注尺寸公差按IT11级处理。

图 3-38　端盖

（1）工件右端轮廓

序号	加工程序（右端）	程 序 说 明
N01	O0001;	程序名
N02	M03S800;	主轴正转，转速 800r/min
N03	T0101;	换 1 号外圆车刀
N04	M08;	冷却液开
N05	G00X55.0;	快速定位
N06	Z0;	
N07	G01X-1.0F0.1;	车端面（见光）
N08	G00X55.0Z2.0;	退刀，G71 循环定位点

序号	加工程序（右端）	程 序 说 明
N09	G71U1.5R1.0；	G71 指令格式
N10	G71P11Q18U-1W0.1F0.1；	
N11	G00X28.0；	外轮廓粗加工
N12	G01Z0；	
N13	X30.0Z-1.0；	
N14	Z-8.0；	
N15	G03X35.0Z-13.0R5.0；	
N16	G01X44.0；	
N17	Z-18.0；	
N18	G00X55.0；	
N19	G70P44Q51F0.08S1000；	内孔轮廓精加工
N20	G00Z100.0；	退刀
N21	X100.0；	
N22	T0303；	换 3 号刀，中心钻
N23	M03S600；	主轴正转 600r/min
N24	M08；	冷却液开
N25	G00X0；	快速定位
N26	Z2.0；	
N27	G01Z-3.0F0.08；	钻中心孔
N28	G00Z100.0；	退刀
N29	X100.0；	
N30	T0404；	换 4 号刀φ18mm 麻花钻
N31	M03S600；	主轴正转 600r/min
N32	M08；	冷却液开
N33	G00X0；	G74 循环定位点
N34	Z2.0；	
N35	G74R2.0；	G74 指令格式
N36	G74Z-35.0Q20.0F0.2；	
N37	G00Z100.0；	退刀
N38	X100.0；	
N39	T0202；	换 2 号内孔刀
N40	M03S800；	主轴正转 800r/min
N41	M08；	冷却液开
N41	G00X16.0；	G71 循环定位点
N42	Z2.0；	
N43	G71U1.5R1.0；	G71 指令格式
N44	G71P45Q50U-1W0.1F0.1；	
N45	G00X25.0；	内孔轮廓粗加工
N46	G01Z-10.0；	
N47	X19.0；	
N48	X20.0Z-10.5；	
N49	Z-20.0；	
N50	G00X16.0；	
N52	G70P45Q50F0.08S1000；	内孔轮廓精加工
N53	G00Z100.0；	退刀
N54	X100.0；	
N55	M30；	程序结束

（2）工件左端轮廓

序号	加工程序（左端）	程序说明
N01	O0002;	程序名
N02	M03S800;	主轴正转，转速 800r/min
N03	T0101;	换 1 号外圆车刀
N04	M08;	冷却液开
N05	G00X55.0;	快速定位
N06	Z0;	
N07	G01X-1.0F0.1;	车端面（见光）
N08	G00X55.0Z2.0;	退刀（G90 的循环定位点）
N09	G90X46.0Z-6.9F0.12;	G90 格式
N10	X42.0;	
N11	X38.0;	
N12	X34.0;	分刀车削台阶
N13	X30.5;	
N19	M03S1000;	变转速 1000r/min，精加工
N20	G01X28.0F0.06;	
N21	Z0;	
N22	X30.0Z-1.0;	精加工轮廓程序
N23	Z-7.0;	
N24	X45.0;	
N25	M03S800;	主轴正转，转速 800r/min
N26	G00Z3.0;	G90 的循环定位点
N27	X16.0;	
N28	G90X20.0Z-6.9R2.68F0.12;	G90 格式
N29	X22.0;	
N30	X24.0;	分刀车削锥面
N31	X25.5;	
N32	M03S1000;	变转速 1000r/min，精加工
N33	G00X31.36;	
N34	G01X26.0Z-7.0F0.06;	精加工轮廓程序
N35	X18.0;	
N36	G00Z100.0;	退刀
N37	X100.0;	
N38	M30;	程序结束

3.2.5 槽类零件的车削加工

在数控车削加工中，经常会遇到各种槽类零件的加工，圆柱体车槽包括内外圆车槽和端面槽。槽的类型主要包括直槽和各种异型槽。

1. 任务引入

如图 3-39 所示，某数控加工车间现需加工一批槽类零件，毛坯为 ϕ65mm×120mm 的棒料，材料为硬铝，现要求在数控车床（FANUC）上完成零件的外轮廓加工，按照图纸要求试完成此任务的数控程序编写及工艺卡片编制。

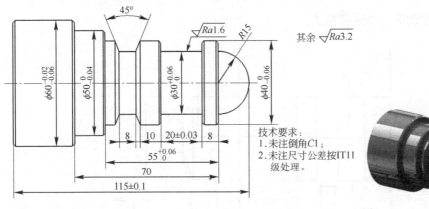

图 3-39　连接轴

2．任务分析

该零件为槽类零件，槽类零件在数控车加工中属于常见的零件加工，该零件外形主要由单一台阶面及槽组成。对于工件轮廓可采用 G71 循环指令车削，宽槽采用 G75 指令加工。

3．相关知识

车削工件槽的加工包括车外圆槽、内孔槽和端面槽等。

（1）浅窄槽的加工方法

对于较浅或窄的槽精度要求不高时，可采用与槽等宽的切槽刀一次切入成形的方法加工。

（2）深窄槽的加工方法

对于较窄、较深且精度要求较高的槽，可先用较窄的切槽刀粗车，然后用刀头宽度与槽宽度相等的切槽刀精车的方法完成。

（3）宽槽的加工方法

图 3-40 为宽槽的加工方法。当槽宽度尺寸较大（大于切槽刀刀头宽度），应对槽采用多次进刀法粗切，然后用精切槽刀沿槽的一侧切至槽底，再沿槽底精切至槽的另一侧，最后沿侧面切出。

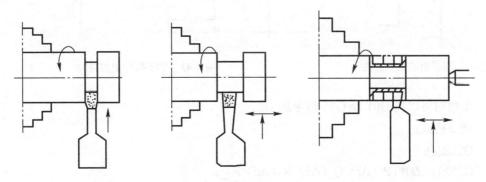

图 3-40　宽槽的加工方法

（4）梯形槽的加工方法

图 3-41 为梯形槽的加工方法。车较窄的梯形槽时，一般用成形车刀车削，或者用直

槽刀采用两轴联动的方法进行加工。

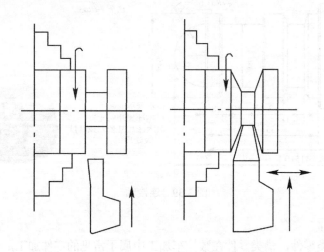

图 3-41　梯形槽的加工方法

（5）圆弧槽的加工方法

图 3-42 为圆弧槽的加工方法。车削较小的圆弧槽时，一般用成形车刀车削。当车削较大的圆弧时，可用两轴联动车削。

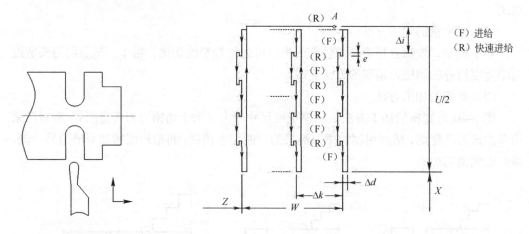

图 3-42　圆弧槽的加工方法　　　　　图 3-43　G75 指令走刀路线

车槽时可以用 G01 或 G75 指令加工。

指令格式：

G75R(e);

G75X(U)Z(W) P（Δi）Q（Δk）R（Δd）F__；

其中，R 为 X 轴方向间歇进给时的退刀量；Δi 为 X 向的增量进给切深，无正负，μm；Δk 为刀具沿 Z 轴方向分层切削时的层间距，其取值应小于刀宽，μm；Δd 为每层切削到槽底后沿 Z 轴方向的退刀量，一般取 0。

在上述编程中，当省略 Z（W）、Q（Δk）、R（Δd）时，可用切断或切窄槽。走刀路线如图 3-43 所示。

【例 3-8】 如图 3-44 所示，应用 G75 指令加工此槽类零件。

……

G00X45.0;

Z-35.0;

G75R2.0;

G75X28.0Z-10.0P5000Q3000F0.05;

G00X45.0;

……

4．任务实施

（1）图样分析

该零件如图 3-39 所示，为槽类零件，由图可知该零件由台阶、梯形槽、矩形槽等组成，最高加工精度为 0.04mm，表面粗糙度 Ra 为 1.6～3.2μm，无形位公差要求。

（2）装夹方式

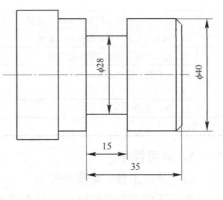

图 3-44 定位轴

由于该零件毛坯为圆棒形状，且零件为简单台阶轴，故选用三爪自定心卡盘装夹零件，如图 3-14 所示。

制订的加工工艺卡片见表 3-15 和表 3-16。

表 3-15 刀量具调整卡

刀具号	T0101	T0202
刀具类型		
	外圆车刀	切槽刀
量具类型		
	游标卡尺	外径千分尺

表 3-16　数控加工工艺卡

零件名称	台阶轴		数　量		120件		年　月	
材　料	硬铝		规　格		φ65mm×120mm		加工者	
工步	工步内容			刀具号	主轴转速 /（r/min）	进给速度 /（mm/r）	背吃刀量 /mm	
1	装夹工件，伸出卡爪端面75mm长夹紧，端面见光			T0101	800	0.12/0.06	2	
2	粗、精车工件右端外轮廓至尺寸要求				800/1000			
3	粗、精车工件右端矩形槽和梯形槽			T0202	600	0.05/0.02		
4	掉头，垫铜皮装夹φ50mm外圆处，车工件左端面至加工尺寸			T0101	1000	0.08	3	
5	去毛刺，检验					质检		
备注								

5．参考程序

（1）建立工件、编程坐标系

加工工件右端轮廓时以工件右端面中心处为编程原点，加工工件左端轮廓时以工件左端面中心处为编程原点。

（2）程序编写

1）工件右端轮廓

序号	加工程序（右端）	程序说明
N01	O3009;	程序名
N02	M03S800;	主轴正转，转速800r/min
N03	T0101;	换1号外圆车刀
N04	M08;	冷却液开
N05	G00X70.0;	快速定位
N06	Z0;	
N07	G01X-1.0F0.1;	车端面（见光）
N08	G00X65.0Z2.0;	退刀（G71的循环定位点）
N09	G71U2R1;	G71指令格式
N10	G71P11Q20U1W0.1F0.12;	
N11	G00X0;	粗车外圆轮廓
N12	G01Z0;	
N13	G03X30.0Z-15.0R15.0;	
N14	G01X39.0;	
N15	X40.0Z-15.0;	
N16	Z-55.0;	
N17	X49.0;	
N18	X50.0W-0.5;	
N19	Z-70.0;	
N20	X59.0;	
N21	X61.0W-1.0;	
N22	G00X65.0;	
N23	G70P11Q22F0.06S1000;	G70精加工
N24	G00X100.0;	退刀

序号	加工程序（右端）	程序说明
N25	Z100.0;	
N26	T0202;	换 2 号切槽刀，刀宽 3mm
N27	M3S600;	主轴正转 600r/min
N28	M08;	冷却液开
N29	G00X45.0;	退刀（G75 循环定位点）
N30	Z-33.0;	
N31	G75R2.0;	G75 指令格式
N32	G75X30Z-13.0P5000Q3000F0.05;	
N33	G00X45.0;	退刀
N34	Z-63.1;	
N35	G01X30.0;	
N36	G00X45.0;	
N37	Z-65.1;	
N38	G01X40.0;	
N39	X30.0Z-63.1;	
N40	G00X45.0;	
N41	Z-60.6;	切削梯形槽
N42	G01X30.0;	
N43	G00X45.0;	
N44	Z-58.1;	
N45	G01X30.0;	
N46	G00X45.0;	
N47	Z-56.0;	
N48	G01X40.0;	
N49	X30.0Z-58.1;	
N50	G00X100.0;	
N51	Z100.0;	
N52	M30;	

2）工件左端轮廓

序号	加工程序（左端）	程序说明
N01	O3010;	程序名
N02	M03S800;	主轴正转，转速 800r/min
N03	T0101;	换 1 号外圆车刀
N04	M08;	冷却液开
N05	G00X70.0;	快速定位
N06	Z0;	
N07	G01X-1.0F0.1;	车端面（见光）
N08	G00X61.0Z2.0;	退刀
N09	G01Z-45.0F0.12;	粗车 ϕ60mm 外圆
N10	G00X65.0;	退刀
N11	G00Z2.0;	
N12	M03S1000;	主轴正转

序号	加工程序（左端）	程序说明
N13	G00X58.0;	
N14	G01Z0F0.06;	倒角 C1
N15	X60.0Z-1.0;	
N16	Z-45.0;	精车外圆 $\phi60$mm
N17	G00X100.0;	退刀
N18	Z100.0;	
N19	M30;	程序结束

6. 拓展练习

如图 3-45 所示的芯套，已知毛坯尺寸为 $\phi50$mm×50mm，材料为碳钢，内孔不加工，试制订加工工艺卡，在数控车床上完成该零件的加工。

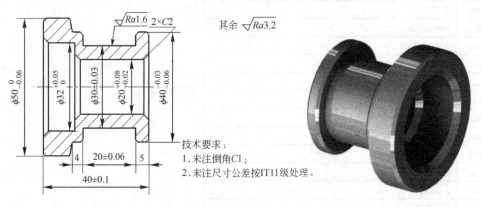

图 3-45　芯套

（1）工件右端轮廓

序号	加工程序（右端）	程序说明
N01	O3009;	程序名
N02	M03S800;	主轴正转，转速 800r/min
N03	T0101;	换 1 号外圆车刀
N04	M08;	冷却液开
N05	G00X55.0;	快速定位
N06	Z0;	
N07	G01X-1.0F0.1;	车端面（见光）
N08	G00X55.0Z2.0;	退刀（G71 的循环定位点）
N09	G71U2R1;	G71 指令格式
N10	G71P11Q17U1W0.1F0.12;	
N11	G00X38.0;	粗车外圆轮廓
N12	G01Z0;	
N13	X40.0Z-1.0;	
N14	Z-29.0;	
N15	X50.0Z-30.0;	
N16	Z-40.0;	

序号	加工程序（右端）	程 序 说 明
N17	G00X55.0;	
N18	G70P11Q17F0.06S1000;	G70 精加工
N19	G00X100.0;	退刀
N20	Z100.0;	
N21	T0202;	换 2 号切槽刀刀宽 3mm
N22	M3S600;	主轴正转 600r/min
N23	M08;	冷却液开
N24	G00X45.0;	退刀（G75 循环定位点）
N25	Z-25.0;	
N26	G75R2.0;	G75 指令格式
N27	G75X30Z-8.0P5000Q3000F0.05;	
N28	G00X100.0;	退刀
N29	Z100.0;	
N30	M03S1000;	变转速 1000r/min，精加工
N31	T0101;	换 1 号外圆车刀
N32	G00X38.0;	
N33	G01Z0F0.12;	倒角 C1
N34	X40.0Z-1.0;	
N35	Z-4.0;	倒角 C1
N36	X38.0Z-5.0;	
N37	Z-25.0;	倒角 C1
N38	X40.0Z-26.0;	
N39	G00X100.0;	退刀
N40	Z100.0;	
N41	M30;	程序结束

（2）工件左端轮廓

序号	加工程序（左端）	程 序 说 明
N01	O3010;	程序名
N02	M03S800;	主轴正转，转速 800r/min
N03	T0101;	换 1 号外圆车刀
N04	M08;	冷却液开
N05	G00X55.0;	快速定位
N06	Z0;	
N07	G01X-1.0F0.1;	车端面（见光）
N08	G00X48.0;	退刀
N09	G01X50.0Z-1.0F0.12;	倒角 C1
N10	G00X100.0;	退刀
N11	G00Z100.0;	
N12	M30;	程序结束

3.2.6 G73 仿形指令的零件加工（葫芦）

在机械加工中常有一些外轮廓不具有单调性，并且外部不规则的零件，那么这些零件在日常加工中除了采用一般指令编程外，还可使用 G73 仿形指令进行编程加工，从而大大提高了编程的效率。

1. 任务引入

如图 3-46 所示，某数控加工车间现需加工一批工艺品，毛坯为 ϕ30mm×500mm 的棒料，材料为铜，现要求在数控车床（FANUC）上完成零件的加工，按照图纸要求试完成此任务的数控程序编写及工艺卡片编制。

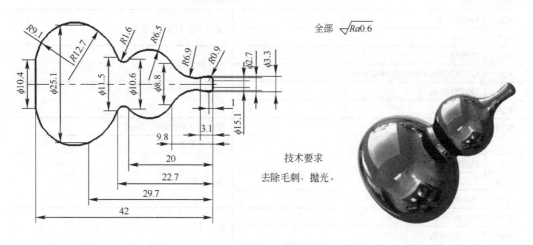

图 3-46　葫芦

2. 任务分析

该零件为工艺品零件葫芦，由图纸可以看出该零件外轮廓为不规则形状，没有单调性。由于零件加工余量变化不一致，所以该零件在编程中可以采用 G73、G70 等编程指令。本任务主要考查 G73 和 G70 指令的仿形加工。

3. 相关知识

格式：G73U（Δi）W（Δk）R（Δd）；

　　　　G73P（n_s）Q（n_f）U（Δu）W（Δw）F（f）S（s）T（t）；

其中，Δi 表示 X 方向的退刀距离（被切削的总余量，半径值表示）；Δk 表示 Z 方向的退刀距离；Δd 表示切割次数；n_s 表示精加工程序段起始行程序段段号；n_f 表示精加工程序段结束行程序段段号；Δu 表示 X 方向精加工余量，直径值表示（外轮廓时该值为正数，内轮廓时该值为负数）；Δw 表示 Z 方向精加工余量；f 表示粗加工进给量；s 表示粗加工转速；t 表示粗加工刀具号。

仿形粗车循环指令 G73 走刀路线如图 3-47 所示。

说明：

a. G73 指令适用于加工不具有单调性轮廓的零件；

b. 程序段 n_s~n_f 程序段中的 F、S、T 对粗车无效，只有 G73 程序段之前或者 G73 指令中的 F、S、T 有效；

c. G73 指令前需要指定循环定位点；

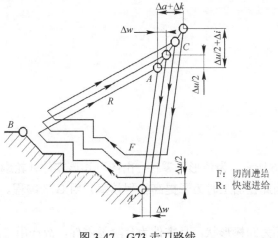

图 3-47 G73 走刀路线

d. 可与 G70 配合使用。

【例 3-9】 如图 3-48 所示，应用 G73 指令加工此轴类零件。

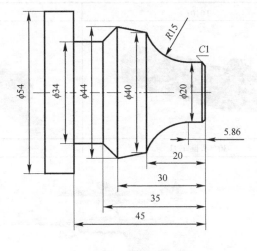

图 3-48 喷嘴

......

G00X60.0Z2.0;

G73U18R9;

G73P10Q20U1W0.1F0.1;

N10G00X18.0;

G01Z0;

X20.0Z-1.0;

Z-5.86;

G02X40.0Z-20.0R25.0;

G01X44.0Z-30.0;

X34.0;

Z-45.0;

X54.0;

N20G00X60.0;

……

4．任务实施

（1）图样分析

该零件如图 3-46 所示，为仿形类零件，由图可知该零件外轮廓没有单调性，由圆弧面、锥面等组成，因此在加工时为了提高编程效率采用 G73 编程。

（2）装夹方式

由于该零件毛坯为圆棒形状，且零件为台阶类零件，故选用三爪自定心卡盘装夹零件，如图 3-14 所示。

制订的加工工艺卡片见表 3-17 和表 3-18。

表 3-17 刀量具调整卡

刀具号	T0101	T0202
刀具类型		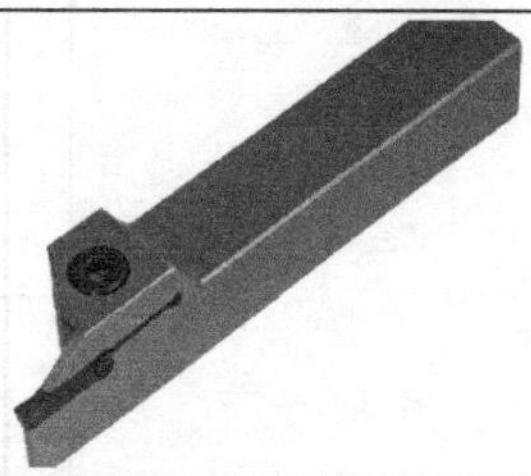
	30°外圆车刀	切断刀
量具类型	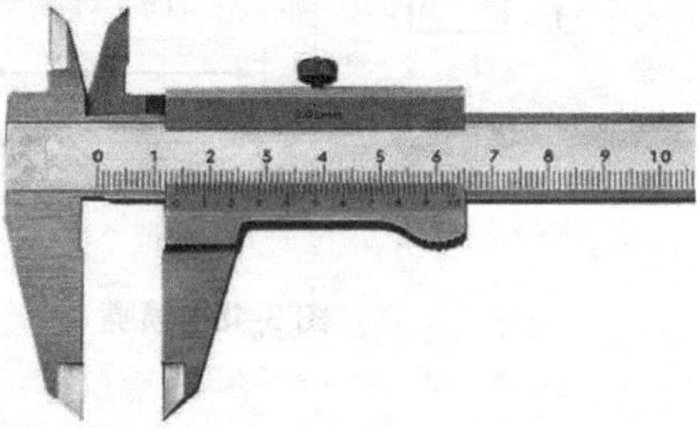	
	游标卡尺	

表 3-18 数控加工工艺卡

零件名称	台阶轴	数量		200 件		年　月	
材料	铜	规格		ϕ30mm×500mm		加工者	
工步	工步内容			刀具号	主轴转速/（r/min）	进给速度/（mm/r）	背吃刀量/mm
1	装夹工件，伸出卡爪端面 50mm 长夹紧，端面见光			T0101	1500	0.1	1.5
2	粗、精车工件右端外轮廓ϕ50mm 至尺寸要求						
3	切断			T0202	500	0.05	3
4	去毛刺，检验				质检		
备注							

5. 参考程序

（1）建立工件、编程坐标系

加工工件右端轮廓时以工件右端面中心处为编程原点。

（2）程序编写

程序段号	加工程序（右端）	程序说明
N10	O3011;	程序名
N11	M03S1500;	主轴正转，转速 1500r/min
N12	T0101;	换 1 号外圆刀
N13	M08,	冷却液开
N14	G00X32.0Z0;	快速定位
N15	G01X-1F0.1;	车端面（见光）
N16	G00X100.0Z100.0;	退刀至换刀安全点
N17	T0202;	换 2 号 35° 尖刀
N18	M03S1000;	主轴正转，转速 1000r/min
N19	G00X32.0Z2.0;	快速定位
N20	G73U14W0R9;	G73 指令编程
N21	G73P021Q031 U1.0W0F0.15;	
N22	G00X1.51;	
N23	G01Z0;	
N24	G03X3.3Z-1.0R0.9;	
N25	G01X2.7Z-3.1;	
N26	G02X8.8Z-9.8R6.9;	
N27	G03X10.6Z-20R6.5;	N022～N032 粗车零件外轮廓
N28	G02X11.5Z-22.7R1.6;	
N29	G03X25.1Z-29.7R12.7;	
N30	G03X10.4Z-42R9.1;	
N31	G01Z-45.0;	
N32	G00X32.0;	
N33	G70P22Q32F0.1S1500;	精车零件外轮廓
N34	G00X100.0Z100.0;	退刀
N35	M09;	冷却液关
N36	M00;	程序暂停，抛光
N37	T0202;	换 2 号切断刀
N38	M03S500;	主轴正转，转速 500r/min
N39	M08;	冷却液开
N40	G00X32.0;	快速定位至切断处
N41	Z-42.0;	
N42	G01X0F0.06;	切断
N43	G00X100.0;	退刀至安全点
N44	Z100.0;	
N45	M30;	程序结束

6. 拓展练习

如图 3-49 所示的宝塔，已知毛坯尺寸为 ϕ50mm×300mm，材料为硬铝。试制订加工工艺卡，在数控车床上完成该零件的加工。

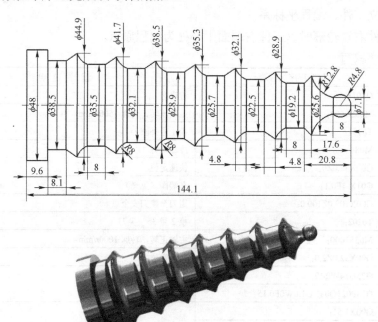

图 3-49　宝塔

程序段号	加工程序	程序说明
N01	O0001;	程序名
N02	M03S1500;	主轴正转，转速 1500r/min
N03	T0101;	换 1 号外圆刀
N04	M08;	冷却液开
N05	G00X52.0Z0;	快速定位
N06	G01X-1F0.1;	车端面（见光）
N07	G00X100.0Z100.0;	退刀至换刀安全点
N08	T0202;	换 2 号 35°尖刀
N09	M03S1000;	主轴正转，转速 1000r/min
N10	G00X52.0Z2.0;	快速定位
N11	G73U25.0W10.0R10;	G73 指令编程
N12	G73P13Q38 U1.0W0F0.15;	
N13	G00X0;	N13～N38 粗车零件外轮廓
N14	G01Z0;	
N15	G03X7.1Z-8.0R4.8;	
N16	G02X25.6Z-17.6 R12.8;	
N17	G01X19.2Z-20.8;	
N18	Z-28.8;	
N19	G02X28.9Z-33.65R4.85;	
N20	G01X22.5Z-38.45;	
N21	Z-46.45;	

程序段号	加　工　程　序	程　序　说　明
N22	G02X32.1Z-51.52R4.8;	
N23	G01X25.7Z-56.32;	
N24	Z-64.32;	
N25	G02X35.3Z-69.12R4.8;	
N26	G01X28.9Z-73.92;	
N27	Z-81.92;	
N28	G02X38.5Z-86.72R8.0;	
N29	G01X32.1Z-91.52;	
N30	Z-99.52;	
N31	G02X41.7Z-104.32R8.0;	
N32	G01X35.3Z-109.12;	
N33	Z-117.12;	
N34	G02X44.9Z-121.92R8.0;	
N35	G01X38.5Z-126.72;	
N36	Z-134.82;	
N37	X48.0;	
N38	Z-144.1;	
N39	G70P13Q38F0.1S1500;	精车零件外轮廓
N40	G00X100.0Z100.0;	退刀
N41	M09;	冷却液关
N42	M00;	程序暂停，抛光
N43	T0202;	换 2 号切断刀
N44	M03S500;	主轴正转，转速 500r/min
N45	M08;	冷却液开
N46	G00X55.0;	快速定位至切断处
N47	Z-144.1;	
N48	G01X0F0.06;	切断
N49	G00X100.0;	退刀至安全点
N50	Z100.0;	
N51	M30;	程序结束

3.2.7　螺纹类零件的加工

在数控车削加工中，经常会遇到各种螺纹类零件的加工。

1. 任务引入

如图 3-50 所示，某数控加工车间现需加工一螺纹轴类零件，毛坯为 ϕ45mm×75mm 的棒料，材料为 45 钢，现要求在数控车床（FANUC）上完成零件的加工，按照图纸要求试完成此任务的数控程序编写及工艺卡片编制。

2. 任务分析

该零件为螺纹类零件，螺纹类零件在数控车加工中属于常见的零件加工，该零件主要由单一台阶面及槽、螺纹、锥面组成。对于工件轮廓可采用 G71 循环指令车削，螺纹采用 G92/G32 指令加工。

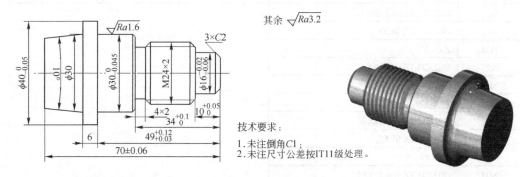

图 3-50 螺纹轴

3. 相关知识

（1）螺纹加工基础

车削螺纹是数控车床的特长之一，由于受到有级变速的限制，在普通车床上一般只能加工少量的等螺距螺纹，而在数控车床上只要通过调整螺纹加工程序，即可车削出各种不同螺距的螺纹。图 3-51 为螺纹加工方式。

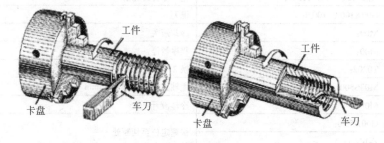

图 3-51 螺纹加工方式

在机械加工中，螺纹是在一根圆柱形的轴上（或内孔表面）用刀具或砂轮切成的，此时工件转一转，刀具沿着工件轴向移动一定的距离，刀具在工件上切出的痕迹就是螺纹。在外圆表面形成的螺纹称外螺纹，在内孔表面形成的螺纹称内螺纹。螺纹的基础是圆轴表面的螺旋线。通常若螺纹的断面为三角形，则叫三角螺纹；断面为梯形叫作梯形螺纹；断面为锯齿形叫锯齿形螺纹；断面为方形叫作方牙螺纹；断面为圆弧形叫作圆弧形螺纹等（表 3-19）。

表 3-19　螺纹分类表

名　　称	普通螺纹	管螺纹	梯形螺纹	锯齿形螺纹	矩齿形螺纹
特征代号	M	G	Tr	B	—
图样	60°	55°	30°	3° 30°	

1）螺纹的切削方式

螺纹分两种切削方式：直进法和斜进法。

直进式切削方法，由于两侧刃同时工作，切削力较大，而且排屑困难，因此在切削时，两切削刃容易磨损。在切削螺距较大的螺纹时，由于切削深度较大，刀刃磨损较快，从而造成螺纹中径产生误差；但是其加工的牙形精度较高，因此一般多用于小螺距螺纹加工。由于其刀具移动切削均靠编程来完成，所以加工程序较长；由于刀刃容易磨损，因此加工中要做到勤测量。G92 直进式切削方法简化了编程，较 G32 指令提高了效率。

斜进式切削方法，由于为单侧刃加工，加工刀刃容易损伤和磨损，使加工的螺纹面不直，刀尖角发生变化，而造成牙形精度较差。但由于其为单侧刃工作，刀具负载较小，排屑容易，并且切削深度为递减式。因此，此加工方法一般适用于大螺距螺纹加工。由于此加工方法排屑容易，刀刃加工工况较好，在螺纹精度要求不高的情况下，此加工方法更为方便。在加工较高精度的螺纹时，可采用两刀加工完成，即先用 G76 加工方法进行粗车，然后用 G32 加工方法精车。但要注意刀具起始点要准确，不然容易乱扣，造成零件报废。

2）圆柱螺纹主要几何参数（如图 3-52 所示）

① 外径（大径），与外螺纹牙顶或内螺纹牙底相重合的假想圆柱体直径。螺纹的公称直径即大径。

② 内径（小径），与外螺纹牙底或内螺纹牙顶相重合的假想圆柱体直径。

③ 中径，母线通过牙型上凸起和沟槽两者宽度相等的地方的假想圆柱体直径。

④ 螺距，相邻牙在中径线上对应两点间的轴向距离。

⑤ 导程，同一螺旋线上相邻牙在中径线上对应两点间的轴向距离。

⑥ 牙型角，螺纹牙型上相邻两牙侧间的夹角。

⑦ 螺纹升角，中径圆柱上螺旋线的切线与垂直于螺纹轴线的平面之间的夹角。

⑧ 工作高度，两相配合螺纹牙型上相互重合部分在垂直于螺纹轴线方向上的距离。

螺纹的公称直径除管螺纹以管子内径为公称直径外，其余都以外径为公称直径。螺纹已标准化，有米制（公制）和英制两种。国际标准采用米制，中国也采用米制。

3）螺纹的要素

螺纹升角小于摩擦角的螺纹副，在轴向力作用下不松转，称为自锁，其传动效率较低。圆柱螺纹中，三角形螺纹自锁性能好。它分粗牙和细牙两种，一般连接多用粗牙螺纹。细牙的螺距小，升角小，自锁性能更好，常用于细小零件薄壁管中，有振动或变载荷的连接以及微调装置等。

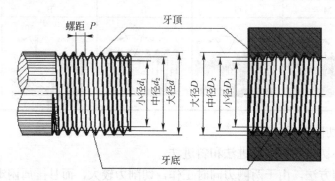

图 3-52　圆柱螺纹主要几何参数

锥螺纹的牙型为三角形，主要靠牙的变形来保证螺纹副的紧密性，多用于管件。数控车床上最多加工的是牙型角为 60°的普通三角螺纹，普通三角螺纹分粗牙和细牙螺纹。粗牙普通螺纹的螺距是标准螺距，其代号用字母"M"及公称直径表示，如 M16、M12 等，细牙普通螺纹代号用字母"M"及公称直径×螺距表示，如 M24×1.5、M27×2 等。

为保证螺纹牙顶处有 0.125P 的宽度，考虑螺纹加工时牙型的膨胀量，外螺纹实际大径（$d_{实际}$）一般应车得比基本尺寸（公称直径 d）小，内螺纹实际小径（$D_{1实际}$）应车得比基本尺寸大。实际尺寸可以查阅相关手册，也可以按照表 3-20 螺纹参数表。

表 3-20　螺纹参数表

外螺纹加工前轴尺寸	$d_{实际} = d - 0.1P$
内螺纹加工前底孔尺寸	塑形材料 $D_{1实际} = D - P$ 脆性材料 $D_{1实际} = D - (1.05 \sim 1.1)P$
螺纹牙型高度	$h = 0.65P$
加工螺纹时的进给距离 W	$W = \delta_1 + L + \delta_2$
螺纹最小直径 d_1	$d_1 = d - 1.3P$（经验公式） $d_1 = d - 1.08P$（理论公式）

说明：D、d 为内、外螺纹公称直径，P 为螺距，L 为螺纹有效长度，δ_1、δ_2 为引入、引出长度。

4）螺纹加工时的进给距离

数控伺服系统本身有滞后性，会造成在螺距加工的起始段和结束段出现螺距变化的现象，故应有引入、引出长度 δ_1、δ_2，以剔除两端因进给速度变化而出现的非标准螺距的螺纹段。故而加工螺纹时的进给距离 W 应为：

$$W = \delta_1 + L + \delta_2$$

式中，L 为螺纹的有效长度；δ_1、δ_2 可按下列公式计算。

$$\delta_1 = nL/400 \qquad \delta_2 = nL/1800$$

式中，n 为主轴转速；L 为导程。

在实际加工中要以刀具的刀头大小和实际加工距离为准。表 3-21 为米制螺纹切削的走刀次数与背吃刀量。

表 3-21　米制螺纹切削的走刀次数与背吃刀量

螺距/mm		1.0	1.5	2.0	2.5	3.0	3.5	4.0
牙深/mm		0.6496	0.974	1.299	1.624	1.949	2.273	2.598
背吃刀量/mm	第 1 次切削	0.7	0.8	0.9	1.0	1.2	1.5	1.5
	第 2 次切削	0.4	0.6	0.6	0.7	0.7	0.7	0.8
	第 3 次切削	0.2	0.4	0.6	0.6	0.6	0.6	0.6
	第 4 次切削		0.16	0.4	0.4	0.4	0.6	0.6
	第 5 次切削		0.1	0.4	0.4	0.4	0.4	0.4
	第 6 次切削			0.15	0.4	0.4	0.4	0.4
	第 7 次切削				0.2	0.2	0.2	0.4
	第 8 次切削						0.15	0.3
	第 9 次切削							0.2

5）螺纹的测量

螺纹测量有单项测量和综合测量两种方法。单项测量常用于测量螺纹的中径、螺距和牙型半角等参数。常用的圆柱螺纹中径测量方法如下。

图 3-53　螺纹千分尺

① 用螺纹千分尺测量，如图 3-53 所示。

② 把 3 个具有相同直径的圆柱体——三针，放在螺纹牙槽中，然后根据精度要求用千分尺、比较仪或测长仪（见测长机）测出 M 值，计算后即可得出被测螺纹中径值 d_1。

③ 在工具显微镜上用影像法测量。

④ 在工具显微镜上用轴切法测量。

⑤ 综合测量通过检验螺纹的实际中径误差和折算中径误差来控制螺纹的旋合质量（图 3-54）。折算中径误差把螺距和牙型半角等的误差折算在中径方向上的误差。

目前国际上比较先进的测量方法为螺纹指示量规测量法，这种方法将螺纹测量分为单一中径测量及作用中径测量。这种方法可测螺纹中径、圆度、螺距、牙型角、锥度，并且通过增加测头可对端面或螺纹的跳动进行测量。单一中径即为单牙中径，作用中径即为全牙中径，若测得单一中径与作用中径数值相同，则表明螺纹各项参数均合格。若两数据不同，则表明螺纹存在问题，具体出现了什么问题，需要进一步的分析判断。

图 3-54　环规、塞规

（2）编程指令

1）单一螺纹切削指令

① 指令功能。可切削加工等螺距圆柱螺纹、圆锥螺纹和端面螺纹。

② 指令格式：

G32X(U)Z(W)F__

式中，X(U)、Z(W)为加工螺纹段的终点坐标值；F为加工螺纹的导程（对于单头螺纹F为螺距）。

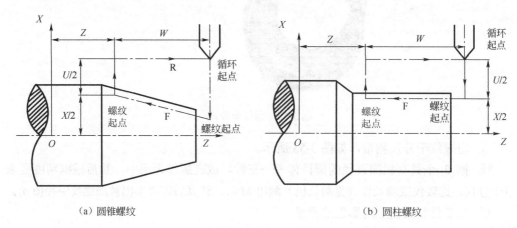

（a）圆锥螺纹　　　　　　　　　　　　　　　（b）圆柱螺纹

图 3-55　螺纹走刀路线

G32加工直螺纹时，每一次加工分四步：进步、切削、退刀、返回。G32加工锥螺纹时，切削斜角 α 在45°以下的圆锥螺纹时，螺纹导程以 Z 方向指定，大于45°时，螺纹导程以 X 方向指定。

使用G32指令能加工圆柱螺纹、圆锥螺纹和端面螺纹，如图3-55所示。

2）G92 螺纹切削循环指令

编程格式：

G92X(*U*) Z(*W*) R__F__

其中，X(*U*)、Z(*W*) 为加工螺纹段的终点坐标值；F 为加工螺纹的导程（对于单头螺纹 F 为螺距）；R 为圆锥螺纹起点和终点的半径差，当圆锥螺纹起点坐标大于终点坐标时为正，反之为负，加工圆柱螺纹时，R 为零，可省略。

该指令如图 3-56 所示。

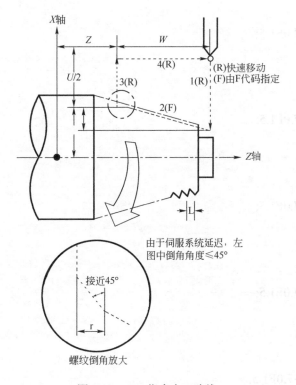

图 3-56　G92 指令走刀路线

【例 3-10】　如图 3-57 所示，应用 G32、G92 指令加工此螺纹。

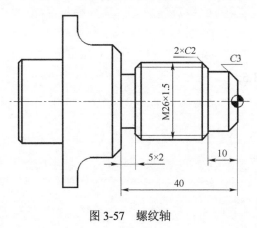

图 3-57　螺纹轴

G32 指令编程

……

G00Z2.0;

X25.5.0;

G32X25.4Z-37.0F1.5;

G00X35.0;

Z2.0;

X25.0;

G32X25.0Z-37.0F1.5;

G00X35.0;

Z2.0;

X24.6;

G32X24.6Z-37.0F1.5;

G00X35.0;

Z2.0;

X24.3;

G32X24.3Z-37.0F1.5;

G00X35.0;

Z2.0;

X24.1;

G32X24.1Z-37.0F1.5;

G00X35.0;

Z2.0;

X24.05;

G32X24.05Z-37.0F1.5;

G00X35.0;

……

G92 指令编程

……

G00X35.0Z2.0;

G92X25.4Z-37.0F1.5;

X25.0;

X24.6;

X24.3;

X24.1;

X24.05;

G00X100.0;

……

4．任务实施

（1）图样分析

该零件如图 3-50 所示，为螺纹类零件，由图可知该零件外轮廓有属于台阶轴类的零件，由台阶面、锥面和螺纹等组成，因此在加工时为了提高编程效率采用 G92 编程。

（2）装夹方式

由于该零件毛坯为圆棒形状，且零件为台阶类零件，故选用三爪自定心卡盘装夹零件，如图 3-14 所示。

制订加工工艺卡片见表 3-22 和表 3-23。

表 3-22　刀量具调整卡

刀具号	T0101	T0202
刀具类型	 外圆粗车刀	 外圆精车刀
	 T0303 切槽刀	 T0404 外螺纹刀
量具类型	 游标卡尺	 外径千分尺
	 螺纹环规	 万能角度尺

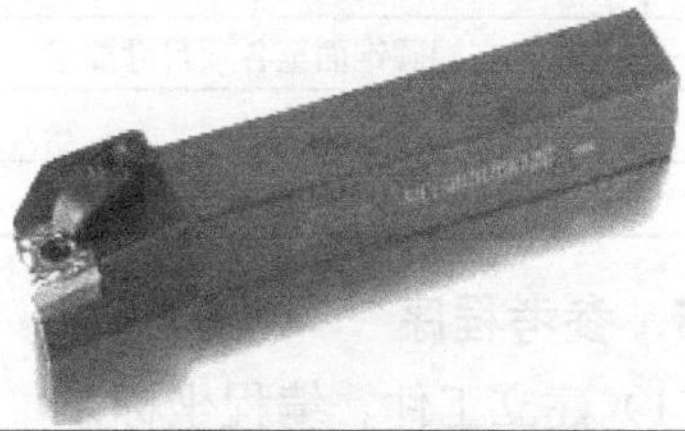

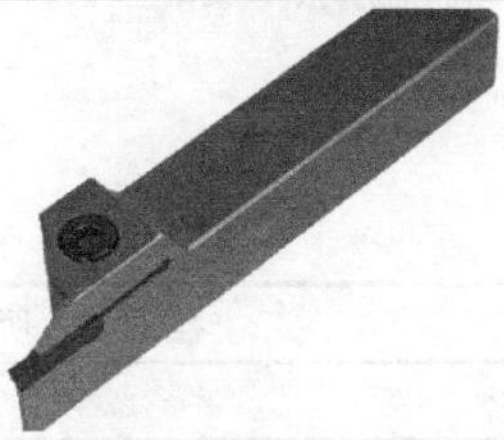

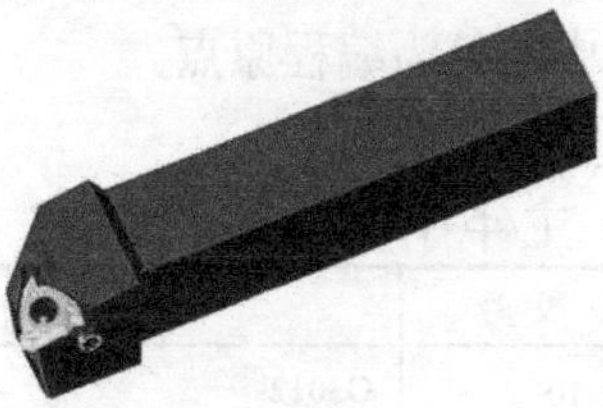

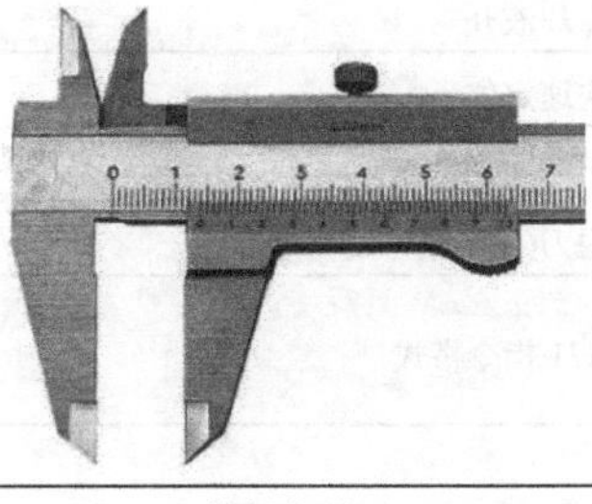

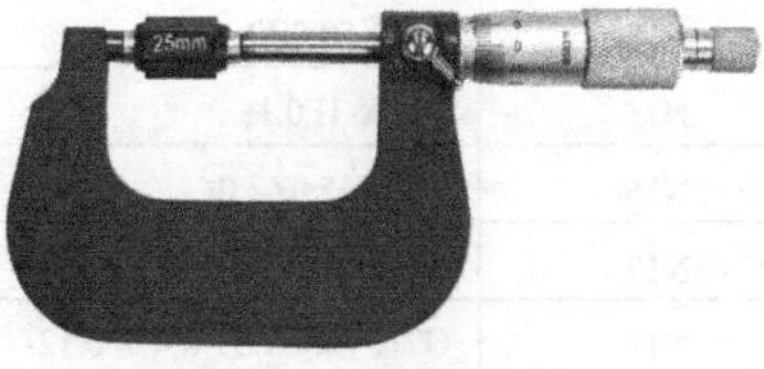

表 3-23　数控加工工艺卡

零件名称	台阶轴		数量		200 件		年　　月	
材料	45 钢		规格		$\phi45mm×75mm$		加工者	
工步	工步内容			刀具号	主轴转速/ (r/min)	进给速度/ (mm/r)	背吃刀量 /mm	
1	装夹工件，伸出卡爪端面 50mm 长夹紧，端面见光							
2	粗车工件右端台阶外轮廓，径向留 1mm，轴向留 0.1mm			T0101	800	0.12	2	
3	精车工件右端台阶外轮廓，并保证各项加工尺寸精度			T0202	1500	0.05	1	
4	切槽			T0303	600	0.03	4	
5	车螺纹			T0404	800	2.0	—	
6	工件掉头，夹持$\phi30mm$ 外圆处，端面见光，保证总 长 70mm 尺寸精度要求			T0101	800	0.12	2	
7	粗精车左端圆锥面至各项尺寸要求			T0202	1500	0.05	1	
8	去毛刺				质检			
备注								

5．参考程序

（1）建立工件、编程坐标系

加工工件右端轮廓时以工件右端面中心处为编程原点，加工工件左端轮廓时以工件左端面中心处为编程原点。

（2）程序编写

1）工件右端轮廓

程 序 段 号	加 工 程 序	程 序 说 明
N10	O3012;	程序名
N11	M03S1500;	主轴正转，转速 1500r/min
N12	T0101;	换 1 号外圆刀
N13	M08;	冷却液开
N14	G00X50.0Z0;	快速定位
N15	G01X-1F0.1;	车端面（见光）
N16	G00X45.0Z2.0;	退刀(G71 循环定位点)
N17	G71U2R1;	G71 指令格式
N18	G71P19Q31U1.0W0F0.12;	
N19	G00X11.95;	N19～N31 精加工程序循环
N20	G01Z0;	
N21	X15.95;	
N22	Z-10.0;	
N23	X20.0;	
N24	X23.74W-2.0;	
N25	Z-34.0;	
N26	X28.0;	
N27	X30.0W-1.0;	
N28	Z-49.0;	

程序段号	加工程序	程序说明
N29	X39.0;	
N30	X41.0W-1.0;	
N31	G00X45.0;	
N32	G00X100.0;	退刀
N33	Z100.0;	
N34	M05;	
N35	M09;	精加工前测量精度，调整刀补
N36	M00;	
N37	T0202;	换2号精车刀
N38	M03S1500;	主轴正转，1500r/min
N39	G00X45.0Z2.0;	快速定位
N40	G70P19Q31F0.05;	G70精车循环
N41	G00X100.0;	退刀
N42	Z100.0;	
N43	M05;	主轴停止
N44	T0303;	换3号切槽刀，刀宽为3mm
N45	M08;	冷却液开
N46	M03S600;	主轴正转，600r/min
N47	G00X32.0;	快速定位至切断槽处
N48	Z-34.0;	
N49	G01X20.0F0.03;	
N50	G00X28.0;	
N51	W2.0;	切槽
N52	G01X24.0;	
N53	X20.0W-2.0;	
N54	G00X100.0;	退刀
N55	Z100.0;	
N56	T0404;	换4号螺纹刀
N57	M03S800;	主轴正转，800r/min
N58	G00X32.0;	快速定位
N59	Z2.0,	
N60	G92X23.2Z-32.0F2.0;	G92指令螺纹编程
N61	X22.9;	
N62	X22.6;	
N63	X22.4;	车削螺纹
N64	X22.2;	
N65	X22.0;	
N66	X21.85;	

程 序 段 号	加 工 程 序	程 序 说 明
N67	X21.60;	
N68	X21.5;	
N69	X21.4;	
N70	G00X100.0;	退刀
N71	Z100.0;	
N72	M30;	程序结束

2）工件左端轮廓

程 序 段 号	加 工 程 序	程 序 说 明
N01	O3013;	程序名
N02	M03S800;	主轴正转，转速 800r/min
N03	T0101;	换 1 号外圆刀
N04	M08;	冷却液开
N05	G00X50.0;	快速定位
N06	Z0;	
N07	G01X-1.0F0.1;	车端面（见光）
N08	G00X41.0Z2.0;	粗车 ϕ40mm 的外圆
N09	G01Z-21.0F0.12;	
N10	G00X50.0;	退刀，G90 指令循环定位点
N11	Z2.0;	
N12	G90X41.0Z-15.0R-1.47F0.12;	R 的计算公式：$R = \dfrac{|W|}{|2L|}(d_1 - d_2)$
N13	X37.0;	
N14	X33.0;	粗车圆锥面
N15	X31.0;	
N16	G00X100.0;	退刀
N17	Z100.0;	
N18	T0202;	换 2 号精车刀
N19	M03S1500;	主轴正转，1500r/min
N20	G00X27.4;	快速定位
N21	Z2.0;	
N22	G01Z0F0.05;	
N23	X30.0Z-15.0;	
N24	X39.0;	精加工圆锥面
N25	X40.0W-0.5;	
N26	Z-21.0;	
N27	G00X100.0;	退刀
N28	Z100.0;	
N29	M30;	程序结束

6. 拓展练习

如图 3-58 所示的螺纹轴，已知毛坯尺寸为 ϕ65mm×95mm，材料为硬铝。试制订加工工艺卡，在数控车床上完成该零件的加工。

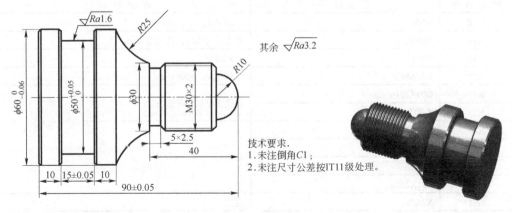

图 3-58 螺纹轴

（1）工件右端轮廓

程序段号	加工程序	程序说明
N10	O0001；	程序名
N11	M03S1500；	主轴正转，转速 1500r/min
N12	T0101；	换 1 号外圆刀
N13	M08；	冷却液开
N14	G00X70.0Z0；	快速定位
N15	G01X-1F0.1；	车端面（见光）
N16	G00X70.0Z2.0；	退刀(G71 循环定位点)
N17	G71U2R1；	G71 指令格式
N18	G71P19Q29U1.0W0F0.12；	
N19	G00X0；	N19～N29 精加工程序循环
N20	G01Z0；	
N21	G03X10.0Z-10.0R10；	
N22	X26.0；	
N23	X30.0Z-12.0；	
N24	Z-40.0；	
N25	G02X60.0Z-55.0R25；	
N26	Z-90.0；	
N27	G00X100.0；	退刀
N28	Z100.0；	
N29	M05；	
N30	M09；	精加工前测量精度，调整刀补
N31	M00；	
N32	T0202；	换 2 号精车刀
N33	M03S1500；	主轴正转，1500r/min
N34	G00X70.0Z2.0；	快速定位
N35	G70P19Q29F0.05；	G70 精车循环
N36	G00X100.0；	退刀
N37	Z100.0；	

程 序 段 号	加 工 程 序	程 序 说 明
N38	M05;	主轴停止
N39	T0303;	换 3 号切槽刀，刀宽为 3mm
N40	M08;	冷却液开
N41	M03S600;	主轴正转，600r/min
N47	G00X32.0;	快速定位至切断槽处
N48	Z-40.0;	
N49	G01X25.0F0.03;	切槽
N50	G00X32.0;	
N51	Z-38.0;	
N52	G01X25.0;	
N53	X26.0;	退刀
N54	X30.0Z-33.0;	倒角 C2
N55	Z-12.0;	倒角 C2
N56	X26.0Z-10.0;	
N57	G00X65.0;	退刀
N58	Z-80.0;	G75 循环定位点
N59	G75R2.0;	G75 指令格式切槽
N60	G75X50Z-68.0P5000Q3000F0.05;	
N61	G01X58.0F0.03;	倒角 C1
N62	X50.0Z-66.0;	
N63	G00Z-80.0;	倒角 C1
N64	G01X58.0 F0.03;	
N65	X60.0Z-81.0;	
N66	G00X100.0;	退刀
N67	Z100.0;	
N68	T0404;	换 4 号螺纹刀
N69	M03S800;	主轴正转，800r/min
N70	G00X32.0;	快速定位
N71	Z2.0;	
N72	G92X29.2Z-37.0F2.0;	G92 指令螺纹编程
N61	X28.6;	车削螺纹
N62	X28.2;	
N63	X27.8;	
N64	X27.4;	
N65	X27.4;	
N70	G00X100.0;	退刀
N71	Z100.0;	
N72	M30;	程序结束

（2）工件左端轮廓

程 序 段 号	加 工 程 序	程 序 说 明
N01	O0002;	程序名
N02	M03S800;	主轴正转，转速 800r/min

程序段号	加工程序	程序说明
N03	T0101;	换 1 号外圆车刀
N04	M08;	冷却液开
N05	G00X70.0;	快速定位
N06	Z0;	
N07	G01X-1.0F0.1;	车端面（见光）
N08	G00X58.0;	退刀
N09	G01X60.0Z-1.0F0.12;	倒角 C1
N10	G00X100.0;	退刀
N11	G00Z100.0;	
N12	M30;	程序结束

3.2.8　子程序的加工

在数控车削加工中，数控加工人员常会遇到一系列加工指令重复出现的情况，例如在一个工件不同的位置上有相同的几何形状，编程者可以为每个加工形状都编写指令，这样做会导致在同一个程序中出现多次相同的系列加工指令，从而造成程序过长，出错概率增大，程序也将在 CNC 机床控制单元中占用更多的内存。解决问题的方法是创建称为子程序的独立程序，它包含加工某一个形状的系列指令，再创建一个可多次调用的主程序，以便简化编程。

1. 任务引入

如图 3-59 所示，某数控加工车间现需加工一轴类零件，毛坯为 ϕ55mm×125mm 的棒料，材料为 45 钢，现要求在数控车床（FANUC）上完成零件的加工，按照图纸要求试完成此任务的数控程序编写及工艺卡片编制。

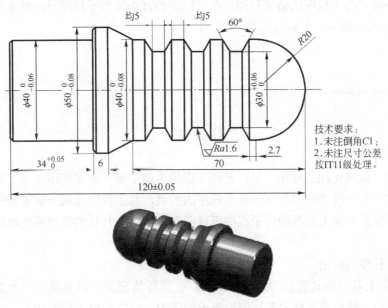

图 3-59　导向轴

第1章　第2章　第3章　第4章

2. 任务分析

该零件结构比较简单，但梯形槽较多，如果采用单个编程将会增加编程的难度。因此，对于这种形状相同的部位重复加工要选择采用子程序的编程方式编程。

3. 相关知识

（1）子程序的概念

任何一个大程序均可分解为许多相互独立的小程序段，这些小程序段称为程序模块。可以将其中重复的或者功能相同的程序模块设计成规定格式的独立程序段，这些程序段可提供给其他程序在不同的地方调用，从而可避免编制程序的重复劳动。我们把这种可以多次反复调用的能完成指定操作功能的特殊程序段称为"子程序"。相对而言就把调用子程序的程序称为"主程序"，把主程序调用子程序的过程称为"调用子程序"。子程序一般不可以作为独立的加工程序使用，只能通过主程序进行调用，实现加工中的局部动作。子程序结束后，能自动返回到调用它的主程序中。

（2）子程序的调用指令 M98

指令格式：

① M98P××××L××××;

② M98PΔΔΔΔ××××;

指令说明：

① ΔΔΔΔ为调用子程序的次数，××××为程序号。

② 格式①中的子程序号及调用次数前面的零可以省略，当不指定重复调用次数时，子程序只调用一次。

③ 格式②中的调用次数前面的零可省略，子程序号前面的零不可省略。

（3）子程序的结构

子程序格式与主程序的格式相同，在主程序的开头编制子程序号，但在子程序的结尾要用 M99 指令结束。子程序的格式如下：

O××××;　　　　　　　子程序名

……

M98P××××L××××;　　调用子程序

……

M99;　　　　　　　　　子程序结束

（4）子程序的嵌套

为了进一步简化加工程序，可以允许子程序再调用另一个子程序，这一功能称为子程序的嵌套。上一级子程序与下一级子程序的关系，与主程序与第一层子程序的关系相同。子程序嵌套不是无限次的，子程序可以嵌套多少层由具体的数控系统决定，一般为四级嵌套。

（5）子程序的应用

① 零件上若干处具有相同的轮廓形状，在这种情况下，只要编写一个加工该轮廓形状的子程序，然后用主程序多次调用该子程序的方法完成对工件的加工。

② 加工中反复出现具有相同轨迹的走刀路线，如果相同轨迹的走刀路线出现在某

个加工区域或在这个区域的各个层面上，采用子程序编写加工程序比较方便，在程序中常用增量值确定切入深度。

③ 在加工较复杂的零件时，往往包含许多独立的工序，有时工序之间需要适当的调整，为了优化加工程序，把每一个独立的工序编成一个子程序，这样形成了模块式的程序结构，便于对加工顺序进行调整，主程序中只有换刀和调用子程序等指令。

子程序编程可以缩短程序段，加快工件加工速度，从而有效提高了生产效率。子程序编程使人开阔视野，丰富了数控编程方法，为学习更复杂的编程方法奠定基础。

【例 3-11】 如图 3-60 所示，加工此槽类零件，考虑子程序的运用。

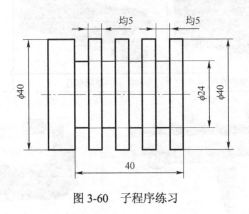

图 3-60　子程序练习

O2212;(主程序)

M03S600;

T0101;

M08;

G00X45.0;

Z0;

G98P00123;

G00X45.0;

Z100.0;

M30;

O0012;（子程序）

W-10.0;

G01X24.0F0.05;

X45.0;

M99;

4. 任务实施

（1）图样分析

该零件如图 3-59 所示，为槽、轴零件，由图可知该零件外轮廓属于台阶轴类的零件，由台阶面、锥面、圆弧面和槽等组成，因此在加工时为了提高编程效率采用 G71/G70/G75

编程。

（2）装夹方式

由于该零件毛坯为圆棒形状，故选用三爪自定心卡盘装夹零件，如图 3-14 所示。制订的加工工艺卡片见表 3-24 和表 3-25。

表 3-24　刀量具调整卡

刀具号	T0101	T0202	T0303
刀具类型	外圆粗车刀	外圆精车刀	切槽刀（刀宽 4mm）
量具类型	游标卡尺		外径千分尺

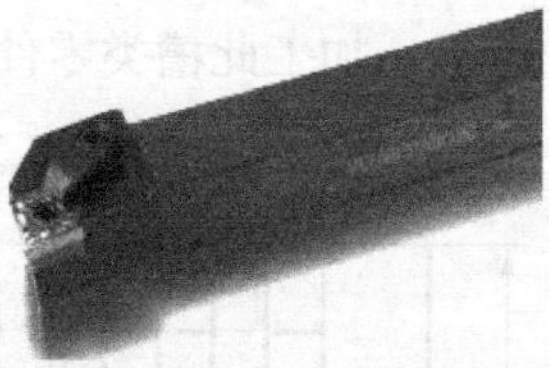

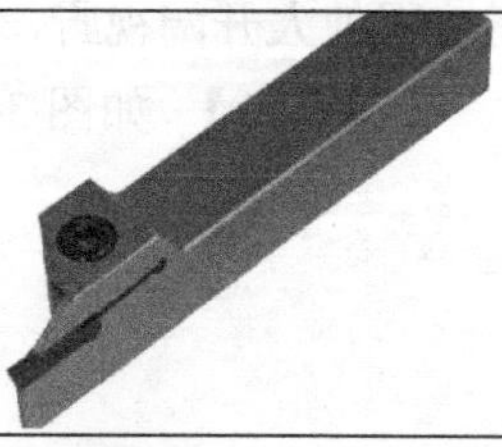

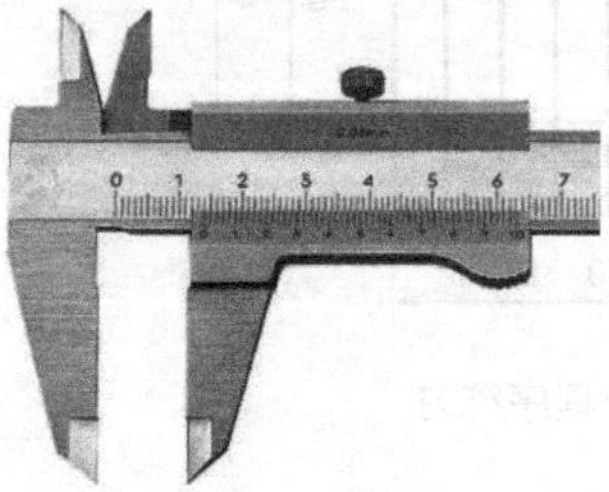

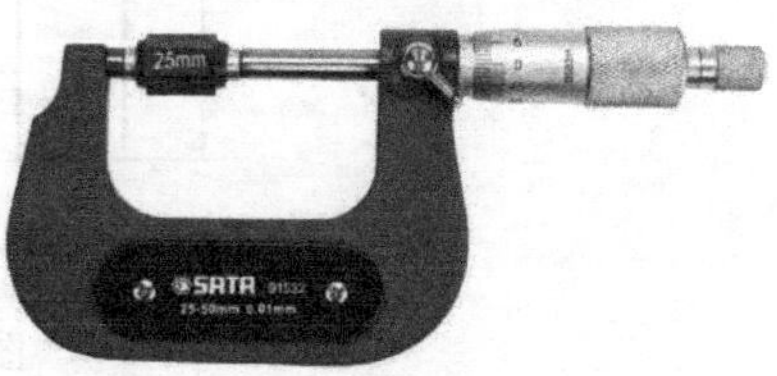

表 3-25　数控加工工艺卡

零件名称	导向轴	数量		800 件		年　　月	
材料	45 钢	规格		ϕ55mm×125mm		加工者	
工步	工步内容		刀具号	主轴转速 / (r/min)	进给速度 / (mm/r)	背吃刀量 /mm	
1	装夹工件，伸出卡爪端面 50mm 长夹紧，端面见光						
2	粗车工件左端外圆ϕ40mm、ϕ50mm，径向留余量 1mm，轴向留 0.1mm		T0101	800	0.12	2	
3	精加工工件左端外轮廓至尺寸要求		T0202	1200	0.1	1	
4	掉头，垫铜皮夹持ϕ40mm 外圆处，端面见光		T0101	800	0.1	2	
5	粗车工件右端外轮廓，径向留 1mm，轴向留 0.1mm				0.12		
6	精加工工件右端外轮廓至尺寸要求		T0202	1200	0.1	1	
7	加工梯形槽		T0303	800	0.03	4	
8	去毛刺				质检		
备注							

5．参考程序

（1）建立工件、编程坐标系

以工件右端面中心处为编程原点。

（2）程序编写

1）工件左端轮廓

程序段号	加工程序	程序说明
N10	O3014;	程序名
N11	M03S800;	主轴正转，转速 800r/min
N12	T0101;	换 1 号外圆刀
N13	M08;	冷却液开
N14	G00X60.0Z0;	快速定位
N15	G01X-1F0.1;	车端面（见光）
N16	G00X51.0Z2.0;	退刀
N17	G01Z-45.0F0.1;	车外圆
N18	G00X50.0;	退刀
N19	Z2.0;	
N20	G90X47.0Z-33.9F0.12;	G90 指令编程
N21	X43.0;	粗车台阶
N22	X41.0;	
N23	G00X100.0;	退刀
N24	Z100.0;	
N25	T0202;	换 2 号精车刀
N26	M03S1200;	主轴正转，1200r/min
N27	G00X37.97Z0.5;	快速定位
N28	X39.97Z-0.5;	倒角 C1
N29	Z-34.02;	精车台阶
N30	X47.96;	
N31	X49.96W-0.5;	
N32	Z-45.0;	
N33	G00X100.0;	退刀
N34	Z100.0;	
N35	M30;	程序结束

2）工件右端轮廓

程序段号	加工程序	程序说明
N10	O3015;	程序名
N11	M03S800;	主轴正转，转速 800r/min
N12	T0101;	换 1 号外圆刀
N13	M08;	冷却液开
N14	G00X60.0Z0;	快速定位
N15	G01X-1F0.1;	车端面（见光）
N16	G00X55.0Z2.0;	退刀(G71 循环定位点)
N17	G71U2R1;	G71 编程指令
N18	G71P19Q24U1W0.1F0.12;	
N19	G00X0;	精加工轮廓
N20	G01Z0;	
N21	G03X40.0Z-20.0R20.0;	
N22	G01Z-70.0;	
N23	X50.0Z-80.0;	
N24	G00X55.0;	

程序段号	加 工 程 序	程 序 说 明
N25	G00X100.0；	退刀
N26	Z100.0；	
N27	M05；	程序暂停，精加工前测量尺寸，调整刀补
N28	M09；	
N29	M00；	
N30	T0202；	换 2 号精车刀
N31	M03S1200；	主轴正转 1200r/min
N32	M08；	冷却液开
N33	G00X55.0Z2.0；	G70 循环定位点
N34	G70P19Q24F0.1；	G70 指令车削循环
N35	G00X100.0；	退刀
N36	Z100.0；	
N37	T0303；	换 3 号切槽刀
N38	M03S800；	主轴正转，800r/min
N39	G00X45.0；	快速定位
N40	Z-14.3；	
N41	M98P33016；	调用子程序 3016
N42	G00X100.0；	退刀
N43	Z100.0；	
N44	M30；	程序结束

3）子程序

程序段号	加 工 程 序	程 序 说 明
N10	O3016；	程序名
N11	G00W-15.8；	主轴正转，转速 1500r/min
N12	G01X30.0F0.03；	梯形槽加工
N13	G00X45.0；	
N14	W-3.4；	
N15	G01X40.0；	
N16	X30.0W2.9；	
N17	G00X45.0；	
N18	W3.4；	
N19	G01X40.0；	
N20	X30.0W-2.9；	
N21	G00X45.0；	退刀
N22	M99；	调用结束

6. 拓展练习

如图 3-61 所示的圆弧槽轴类零件，已知毛坯尺寸为 ϕ55mm×130mm，材料为 45 钢。试制定加工工艺卡，在数控车床上完成该零件的加工。

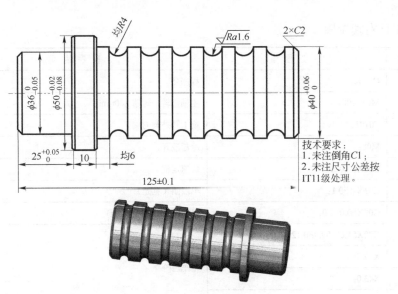

图 3-61　圆弧槽轴

（1）工件左端轮廓

程 序 段 号	加 工 程 序	程 序 说 明
N10	O0001;	程序名
N11	M03S800;	主轴正转，转速 800r/min
N12	T0101;	换 1 号外圆刀
N13	M08;	冷却液开
N14	G00X60.0Z0;	快速定位
N15	G01X-1F0.1;	车端面（见光）
N16	G00X65.0Z2.0;	退刀
N20	G90X52.0Z-40.0F0.12;	G90 指令编程
N21	X50.5;	粗车台阶
N22	X47.0Z-24.9;	
N23	X43.0;	
N24	X39.0;	
N25	X36.5;	
N26	G00X100.0;	退刀
N27	Z100.0;	
N28	T0202;	换 2 号精车刀
N29	M03S1200;	主轴正转，1200r/min
N30	G00X32.0;	快速定位
N31	G01Z0F0.1;	倒角 C2
N32	X36.97Z-2.0;	
N33	Z-25.0;	精车台阶
N34	X48.0;	
N35	X50.0Z-26.0;	
N36	Z-40.0;	
N37	G00X100.0;	退刀
N38	Z100.0;	
N39	M30;	程序结束

（2）工件右端轮廓

程 序 段 号	加 工 程 序	程 序 说 明
N10	O0002;	程序名
N11	M03S800;	主轴正转，转速 800r/min
N12	T0101;	换 1 号外圆刀
N13	M08;	冷却液开
N14	G00X60.0Z0;	快速定位
N15	G01X-1F0.1;	车端面（见光）
N16	G00X60.0Z2.0;	退刀(G90 循环定位点)
N17	G90X51.0Z-89.9F0.12;	粗车台阶
N18	X47.0;	
N19	X43.0;	
N20	X40.5;	
N21	G00X100.0;	退刀
N22	Z100.0;	
N23	M05;	程序暂停，精加工前测量尺寸，调整刀补
N24	M09;	
N25	M00;	
N26	T0202;	换 2 号精车刀
N27	M03S1200;	主轴正转，1200r/min
N28	M08;	冷却液开
N33	G00X36.0Z2.0;	精车台阶
N34	G01Z0F0.1;	
N35	X40.0Z-2.0;	
N36	Z-90.0;	
N37	X48.0;	
N38	X50.0Z-91.0;	
N39	G00X100.0;	退刀
N40	Z100.0;	
N38	M03S800;	主轴正转，800r/min
N39	G00X40.0;	快速定位
N40	Z-6.0;	
N41	M98P60003;	调用子程序 0003
N42	G00X100.0;	退刀
N43	Z100.0;	
N44	M30;	程序结束

（3）子程序

程序段号	加 工 程 序	程 序 说 明
N10	O0003;	程序名
N11	M03S800;	主轴正转，转速 800r/min
N12	G02U0.0W-1.0R1.0F0.03;	
N13	G00W1.0;	
N14	G02U0.0W-2.0R2.0F0.03;	
N15	G00W2.0;	
N16	G02U0.0W-3.0R3.0F0.03;	圆弧槽加工
N17	G00W3.0;	
N18	G02U0.0W-4.0R4.0F0.03;	
N19	G00W4.0;	
N20	G01W-14.0F0.03;	
N21	M99;	调用结束

课后练习

一、填空题

1. 常用的硬质合金牌号按其金属碳化物的不同分为三类，分别为_____、_____、_____。

2. 切削三要素包括_____、_____、_____。

3. 数控车床的刀架有_____和_____两种形式。

4. G00 指令一般用于加工前快速定位或加工后退刀，其移动速度由_____确定。

5. 外圆切削循环指令 G90 格式 G90X(U)Z(W)R__F__; 中 R 的含义为: _____。

6. 刀具半径补偿建立的过程为: _____、_____、_____。

二、简答题

1. 数控加工刀具材料应具有哪些基本性能?

2. 常用的刀具材料有哪些?

3. 合理选择切削用量的原则是什么?

4. 试述模态指令与非模态指令的区别。

5. 试述 M00、M01、M02、M30 在程序结束中的区别。

6. 试述相对编程与绝对编程之间的区别。

7. 顺逆圆弧是如何判别的?

8. 车削螺纹时为什么要有引入、引出长度?

三、编程题

1. 编制如图 3-62 所示零件的加工程序并加工，毛坯材料为硬铝。

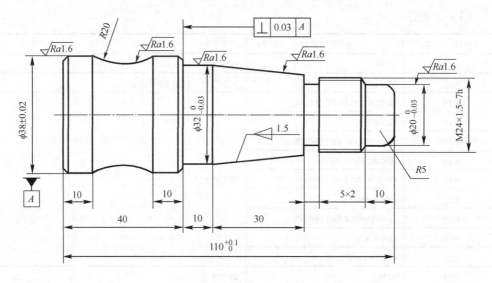

图 3-62　编程题 1 图

2. 编制如图 3-63 所示零件的加工程序并加工，毛坯材料为 45 钢。

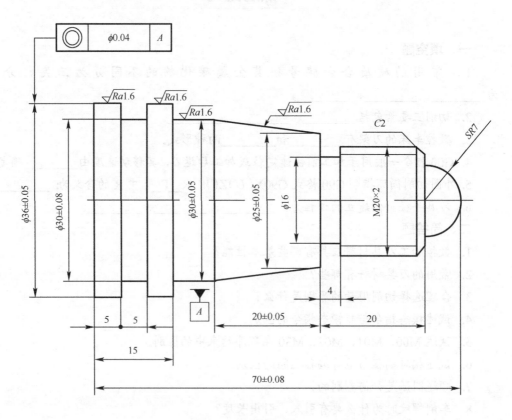

图 3-63　编程题 2 图

3. 编制如图 3-64 所示零件的加工程序并加工，毛坯材料为硬铝。

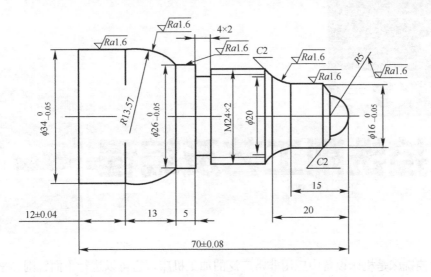

图 3-64　编程题 3 图

4. 编制如图 3-65 所示零件的加工程序并加工，毛坯材料为 45 钢。

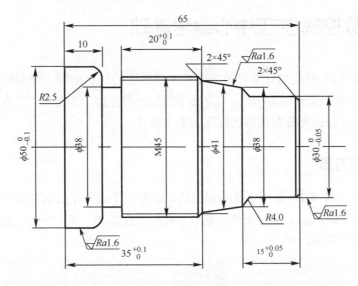

图 3-65　编程题 4 图

第4章

数控铣削工艺及编程

数控铣床是机床设备中应用非常广泛的加工机床，它可以进行平面铣削、平面型腔铣削、外形轮廓铣削和三维以上复杂型面铣削等，还可进行钻削、镗削、螺纹切削等孔加工。加工中心、柔性制造单元等也都是在数控铣床的基础上产生和发展。

数控铣/加工中心编程基础

数控铣床/加工中心具有丰富的加工功能和较宽的加工范围，面对的工艺问题也较多。在开始编制轮廓加工程序前，一定要仔细分析数控加工工艺性，掌握铣削加工工艺装备的特点，以保证充分发挥数控铣床的加工功能。

4.1.1 铣削刀具

铣削刀具（图 4-1）是用于铣削加工的、具有一个或多个刀齿的旋转刀具。工作时各刀齿依次间歇地切去工件的余量。铣刀主要用于在铣床上加工平面、台阶、沟槽、成形表面和切断工件等。

图 4-1　数控铣削刀具

4.1.1.1 铣削刀具的类型

（1）按结构分类

① 整体式。刀体和刀齿制成一体。制造比较简便，但是大型的铣刀一般不做成这种的，因为比较浪费材料。

② 整体焊齿式。刀齿用硬质合金或其他耐磨刀具材料制成并钎焊在刀体上。

③ 镶齿式。刀齿用机械夹固的方法紧固在刀体上。这种可换的刀齿可以是整体刀具材料的刀头，也可以是焊接刀具材料的刀头。

刀头装在刀体上刃磨的称为体内刃磨式；刀头在夹具上单独刃磨的称为体外刃磨式。

④ 可转位式。这种结构已广泛用于面铣刀、立铣刀和三面刃铣刀等。

（2）按用途分类

① 圆柱铣刀。圆柱铣刀如图 4-2 所示，它一般都是用高速钢制成整体的，螺旋形切削刃分布在圆柱表面上，没有副切削刃，螺旋形的刀齿切削时是逐渐切入和脱离工件的，所以切削过程较平稳。这种铣刀主要用于卧式铣床上加工宽度小于铣刀长度的狭长平面。

根据加工要求不同，圆柱铣刀有粗齿、细齿之分，粗齿的容屑槽大，用于粗加工，细齿用于精加工。铣刀外径较大时，常制成镶齿的。

② 面铣刀。面铣刀如图 4-3 所示，主切削刃分布在圆柱或圆锥表面上，端面切削刃为副切削刃，铣刀的轴线垂直于被加工表面。按刀齿材料可分为高速钢和硬质合金两大类，多制成套式镶齿结构，刀体材料为 40Cr。

图 4-2 圆柱铣刀

图 4-3 面铣刀

高速钢面铣刀按国家标准规定，直径 $d=80\sim250mm$，螺旋角 $\beta=10°$，刀齿数 $Z=10\sim26$。

硬质合金面铣刀与高速钢面铣刀相比，铣削速度较高、加工表面质量也较好，并可加工带有硬皮和淬硬层的工件，故得到广泛应用。硬质合金面铣刀按刀片和刀齿的安装方式不同，可分为整体式、机夹-焊接式和可转位式三种。面铣刀主要用在立式铣床或卧式铣床上加工台阶面和平面，特别适合较大平面的加工，主偏角为 90° 的面铣刀可铣底部较宽的台阶面。用面铣刀加工平面，同时参加切削的刀齿较多，又有副切削刃的修光作用，使加工表面粗糙度值小，因此可以用较大的切削用量，生产率较高，应用广泛。

③ 立铣刀。立铣刀（图4-4）是数控铣削中最常用的一种铣刀，其圆柱面上的切削刃是主切削刃，端面上分布着副切削刃，主切削刃一般为螺旋齿，这样可以增加切削平稳性，提高加工精度。由于普通立铣刀端面中心处无切削刃，所以立铣刀工作时不能做轴向进给，端面刃主要用来加工与侧面相垂直的底平面。

为了改善切屑卷曲情况，增大容屑空间，防止切屑堵塞，刀齿数比较少，容屑槽圆弧半径则较大。一般粗齿立铣刀齿数 $Z=3\sim4$，细齿立铣刀齿数 $Z=5\sim8$，套式结构 $Z=10\sim20$，容屑槽圆弧半径 $r=2\sim5mm$。当立铣刀直径较大时，还可制成不等齿距结构，以增强抗振作用，使切削过程平稳。

标准立铣刀的螺旋角 β 为 40°～45°（粗齿）和 30°～35°（细齿），套式结构立铣刀的 β 为 15°～25°。

直径较小的立铣刀，一般制成带柄形式。$\phi2\sim71mm$ 的立铣刀为直柄；$\phi6\sim63mm$ 的立铣刀为莫氏锥柄；$\phi25\sim80mm$ 的立铣刀为带有螺孔的 7：24 锥柄，螺孔用来拉紧刀具。直径大于 $\phi40\sim160mm$ 的立铣刀可做成套式结构。立铣刀主要用于加工凹槽、台阶面以及利用靠模加工成形面。另外有粗齿大螺旋角立铣刀、玉米铣刀、硬质合金波形刃立铣刀等，它们的直径较大，可以采用大的进给量，生产率很高。

图 4-4　立铣刀

④ 三面刃铣刀。三面刃铣刀可分为直齿三面刃和错齿三面刃。它主要用在卧式铣床上加工台阶面和一端或两端贯穿的浅沟槽。三面刃铣刀除圆周具有主切削刃外，两侧面也有副切削刃，从而改善了切削条件，提高了切削效率，减小了表面粗糙度值。但重磨后宽度尺寸变化较大，镶齿三面刃铣刀可解决这一个问题。

⑤ 锯片铣刀。锯片铣刀本身很薄，只在圆周上有刀齿，用于切断工件和铣窄槽。为了避免夹刀，其厚度由边缘向中心减薄，使两侧形成副偏角。

⑥ 键槽铣刀。它的外形与立铣刀相似，不同的是它在圆周上只有两个螺旋刀齿，其端面刀齿的刀刃延伸至中心，既像立铣刀，又像钻头。因此在铣两端不通的键槽时，可以做适量的轴向进给。它主要用于加工圆头封闭键槽，使用它加工时，要做多次垂直进给和纵向进给才能完成键槽加工。

国家标准规定，直柄键槽铣刀直径 $d=2\sim22mm$，锥柄键槽铣刀直径 $d=14\sim50mm$。键槽铣刀直径的偏差有 e8 和 d8 两种。键槽铣刀的圆周切削刃仅在靠近端面的一小段长度内发生磨损，重磨时，只需刃磨端面切削刃，因此重磨后铣刀直径不变。

4.1.1.2　铣削刀具的特点

为了能够实现数控机床上刀具高效、多能、快换和经济的目的，数控机床所用的刀具主要具备下列特点。

① 刀片和刀具几何参数和切削参数的规范化、典型化。

② 刀片或刀具材料及切削参数与被加工工件的材料之间匹配的选用原则。

③ 刀片或刀具的耐用度及经济寿命指标的合理化。

④ 刀片及刀柄的定位标准的优化。

⑤ 刀片及刀柄对机床主轴的相对位置的要求高。

⑥ 对刀柄的强度、刚度及耐磨性的要求高。

⑦ 刀柄或工具系统的装机重量限制的要求。

⑧ 对刀具柄的转位，装拆和重复精度的要求。

⑨ 刀片及刀柄切入的位置和方向的要求。

⑩ 刀片和刀柄高度的通用化、规则化、系列化。

⑪ 整个数控工具系统自动换刀，系统优化。

4.1.1.3 铣削刀具的材料

（1）铣削刀具材料的基本要求

① 高硬度和耐磨性。在常温下，切削部分材料必须具备足够的硬度才能切入工件；具有高的耐磨性，刀具才不磨损，延长使用寿命。

② 好的耐热性。刀具在切削过程中会产生大量的热量，尤其是在切削速度较高时，温度会很高，因此，刀具材料应具备好的耐热性，既在高温下仍能保持较高的硬度，又能继续进行切削，这种具有高温硬度的性质，称为热硬性或红硬性。

③ 高的强度和好的韧性。在切削过程中，刀具要承受很大的冲击力，所以刀具材料要具有较高的强度，否则易断裂和损坏。由于铣刀会受到冲击和振动，因此，铣刀材料还应具备好的韧性，才不易崩刃、碎裂。

（2）铣刀常用刀具材料

① 高速工具钢（简称高速钢、锋钢等）　分通用高速钢和特殊用途高速钢两种。

其具有以下特点：

a．合金元素钨、铬、钼、钒的含量较高，淬火硬度可达 62～70HRC。在 600℃高温下，仍能保持较高的硬度。

b．刃口强度和韧性好，抗振性强，能用于制造切削速度一般的刀具，对于刚性较差的机床，采用高速钢铣刀，仍能顺利切削。

c．工艺性能好，锻造、加工和刃磨都比较容易，还可以制造形状较复杂的刀具。

d．与硬质合金材料相比，仍有硬度较低、红硬性和耐磨性较差等缺点。

② 硬质合金　是由金属碳化物（碳化钨、碳化钛）和以钴为主的金属黏结剂经粉末冶金工艺制造而成的。

其主要特点如下：

a．能耐高温，在 800～1000℃左右仍能保持良好的切削性能，切削时可选用比高速钢高 4～8 倍的切削速度。

b．常温硬度高，耐磨性好。

c．抗弯强度低，冲击韧性差，刀刃不易磨得很锋利。

常用的硬质合金一般可以分为三大类。

a. 钨钴类硬质合金（YG）。常用牌号 YG3、YG6、YG8，其中数字表示含钴量的百分率，含钴量愈多，韧性愈好，愈耐冲击和振动，但会降低硬度和耐磨性。因此，该合金适用于切削铸铁及有色金属，还可以用来切削冲击性大的毛坯和经淬火的钢件和不锈钢件。

b. 钛钴类硬质合金（YT）。常用牌号有 YT5、YT15、YT30，数字表示碳化钛的百分率。硬质合金含碳化钛以后，能提高钢的黏结温度，减小摩擦系数，并能使硬度和耐磨性略有提高，但降低了抗弯强度和韧性，使性质变脆，因此，该类合金适于切削钢类零件。

c. 通用硬质合金。在上述两种硬质合金中加入适量的稀有金属碳化物，如碳化钽和碳化铌等，使其晶粒细化，提高其常温硬度和高温硬度、耐磨性、黏结温度和抗氧化性，能使合金的韧性有所增加，因此，这类硬质合金刀具有较好的综合切削性能和通用性，其牌号有：YW1、YW2 和 YA6 等，由于其价格较贵，主要用于难加工材料，如高强度钢、耐热钢、不锈钢等。

4.1.1.4 铣削刀具的选用

数控铣床上所采用的刀具要根据被加工零件的材料、几何形状、表面质量要求、热处理状态、切削性能及加工余量等，选择刚性好、耐用度高的刀具。

（1）圆柱形铣刀

用于卧式铣床上加工平面。刀齿分布在铣刀的圆周上，按齿形分为直齿和螺旋齿两种，按齿数分粗齿和细齿两种。螺旋齿、粗齿铣刀齿数少，刀齿强度高，容屑空间大，适用于粗加工；细齿铣刀适用于精加工。

（2）面铣刀

又称盘铣刀，用于立式铣床、端面铣床或龙门铣床上加工平面，端面和圆周上均有刀齿，也有粗齿和细齿之分。其结构有整体式、镶齿式和可转位式三种。

（3）立铣刀

用于加工沟槽和台阶面等，刀齿在圆周和端面上，工作时不能沿轴向进给。当立铣刀上有通过中心的端齿时，可轴向进给。

（4）三面刃铣刀

用于加工各种沟槽和台阶面，其两侧面和圆周上均有刀齿。

（5）角度铣刀

用于铣削呈一定角度的沟槽，有单角铣刀和双角铣刀两种。

（6）锯片铣刀

用于加工深槽和切断工件，其圆周上有较多的刀齿。为了减少铣切时的摩擦，刀齿两侧有 15°～1°的副偏角。此外，还有键槽铣刀、燕尾槽铣刀、T 形槽铣刀和各种成形铣刀等。

4.1.2 铣削用量选择

铣削时合理地选择铣削用量，对保证零件的加工精度与加工表面质量、提高生产效率、提高铣刀的使用寿命、降低生产成本，都有重要的作用。

4.1.2.1　铣削用量

在铣削过程中，所选用的切削用量，称为铣削用量。铣削用量包括铣削速度、进给量和吃刀量。

（1）铣削速度

铣削时铣刀切削刃上的选定点相对于工件的主运动的瞬时速度称铣削速度。铣削速度用符号 v_c 表示，单位为 m/min。在实际工作中，应根据工件的材料、铣刀的切削部分材料、加工阶段的性质等因素确定铣削速度，然后根据铣刀直径计算出转速。它们的相互关系如下：

$$v_c = \frac{\pi d_0 n}{1000}$$

$$n = \frac{1000 v_c}{\pi d_0}$$

式中　v_c——铣削速度，m/min；

d_0——铣刀直径，mm；

n——铣刀转速，r/min。

（2）进给量

刀具在进给运动方向上相对工件的位移量，代号 f。它有三种表达形式。

① 每齿进给量 f_z。每齿进给量是铣刀每转过一个刀齿，在进给方向上相对工件的位移量，单位为 mm/z。

② 每转进给量 f。每转进给量是铣刀每转一周，在进给运动方向上相对工件的位移量，单位为 mm/r。

③ 进给速度 v_f。切削刃上的选定点相对于工件的进给运动的瞬时速度，称为进给速度。也就是铣刀每回转 1min，在进给运动方向上相对工件的位移量，单位为 mm/min。

三种进给量的关系为：

$$v_f = fn = f_z zn$$

式中　z——铣刀齿数；

n——铣刀转速，r/min；

v_f——进给速度，mm/min；

f——每转进给量，mm/r；

f_z——每齿进给量，mm/z。

铣削时，根据加工性质先确定每齿进给量，然后根据所选铣刀的齿数和铣刀的转速计算出进给速度，并要调整为铣床铭牌上的进给速度。调整的原则是：当计算所得的数值与铣床铭牌不一致时，按与计算所得数值最接近的铭牌数值选取；当计算所得的数值处在铭牌上两个数值的中间时，则按较小的铭牌值选取。

（3）吃刀量 a。

吃刀量是指两平面之间的距离。吃刀量包含背吃刀量 a_p 和侧吃刀量 a_e。

① 背吃刀量 a_p。背吃刀量又称铣削深度，是指在平行于铣刀轴线方向上测得的切削层尺寸，单位为 mm。

② 侧吃刀量 a_e。侧吃刀量又称铣削宽度，是指垂直于铣刀轴线方向、工件进给方向上测得的切削层尺寸，单位为 mm。

上述部分铣削用量见图 4-5。

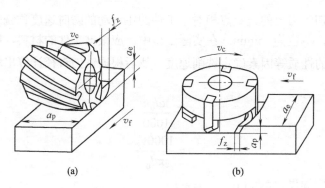

图 4-5　铣削用量

4.1.2.2　铣削用量的选用

（1）选择铣削用量的原则

合理地选择铣削用量直接关系到铣削效果的好坏，即影响到能否达到高效、低耗及优质的加工效果，选择铣削用量应满足如下基本要求。

① 保证铣刀有合理的使用寿命，提高生产率和降低生产成本。

② 保证铣削加工质量，主要是保证铣削加工表面的精度和表面粗糙度达到图样要求。

③ 不超过铣床允许的动力和转矩，不超过铣削加工工艺系统（刀具、工具、机床）的刚度和强度，同时又充分发挥它们的潜力。

选择上述三项基本要求时应根据粗、精加工具体情况有所侧重。一般在粗铣加工时，应尽可能发挥铣刀、铣床的潜力和保证合理的铣刀使用寿命；精铣加工时，则首先要保证铣削加工精度和表面粗糙度，同时兼顾合理的铣刀寿命。

（2）选择铣削用量的顺序

① 要选用较大的背吃刀量。

② 要选用较大的每齿进给量。

③ 要选用适宜的主轴转速。

（3）铣削用量的合理选用

合理选择铣削用量，充分发挥铣刀的切削能力和机床性能，在保证加工质量的前提下，获得高的生产效率和低的加工成本的铣削用量。

在铣削过程中，如果能在一定的时间内切除较多的金属，就有较高的生产率。显然，增大吃刀量、铣削速度和进给量，都能增加金属切除量。但是，影响刀具寿命最显著的因素是铣削速度，其次是进给量，而吃刀量对刀具的影响最小。所以，为了保证必要的刀具寿命，应当优先采用较大的吃刀量，其次是选择较大的进给量，最后才是根据刀具的寿命要求，选择适宜的铣削速度。

① 被切金属层深度（厚度）的选择。面铣时的背吃刀量 a_p、周铣时的侧吃刀量 a_e 即是被切金属层的深度。当铣床功率和工艺系统的刚性、强度允许，且加工精度要求不高及加工余量不大时，可一次进给铣去全部余量。当加工精度要求较高或加工表面粗糙度 Ra 小于 $6.3\mu m$ 时，铣削应分粗铣和精铣。端面铣削时，铣削深度的推荐值见表 4-1。当工件材料的硬度和强度较高时，应取较小值。当加工余量较大时，可采用阶梯铣削法。

表 4-1   端面铣削时铣削深度量 a_p 的推荐值

铣削类型	粗　铣	精　铣		
	一般	精铣	高精铣	宽刃精铣
铣削深度 a_p/mm	≤10	0.5～1.5	0.3～0.5	0.05～0.1

粗铣时周铣时的侧吃刀量 a_e，可比端面铣削时的背吃刀量 a_p 大。故在铣床和工艺系统的刚性、强度允许的条件下，尽量在一次进给中，把粗铣余量全部切除。精铣时，可参照端面铣削时的 a_p 值。

② 进给量的选择。粗铣时，进给量的提高主要受刀具强度及机床、夹具等工艺系统刚性的限制。铣削用量大时，还受机床功率的限制。因此在上述条件下，可尽量取得大些。

精铣时，限制进给量的主要因素是加工精度和表面粗糙度。每齿进给量越大，表面粗糙度值也越大。在表面粗糙度要求较小时，还要考虑到铣刀刀齿的刀刃或刀尖不一定在同一个旋转的圆周或平面上，在这种情况下铣出的平面，将以铣刀一转为一个波纹。因此，精铣时，在考虑每齿进给量的同时，还需考虑每转进给量。

表 4-2 推荐的数值为各种常用铣刀在对不同工件材料铣削时的每齿进给量，粗铣时取表中的较大值；精铣时取表中的较小值。

表 4-2   每齿进给量 f_z 值的选取　　　　　　　　　　　　　　　mm/z

工件材料	工件材料的硬度	硬 质 合 金		高 速 钢			
		面铣刀	三面刃铣刀	圆柱铣刀	立铣刀	面铣刀	三面刃铣刀
低碳钢	约 150HBS	0.2～0.4	0.15～0.30	0.12～0.2	0.04～0.20	0.15～0.30	0.12～0.20
	150～200HBS	0.20～0.35	0.12～0.25	0.12～0.2	0.03～0.18	0.15～0.30	0.10～0.15
中、高碳钢	120～180HBS	0.15～0.5	0.15～0.3	0.12～0.2	0.05～0.20	0.15～0.30	0.12～0.2
	180～220HBS	0.15～0.4	0.12～0.25	0.12～0.2	0.04～0.20	0.15～0.25	0.07～0.15
	220～300HBS	0.12～0.25	0.07～0.20	0.07～0.15	0.03～0.15	0.1～0.2	0.05～0.12
灰铸铁	150～180HBS	0.2～0.5	0.12～0.3	0.2～0.3	0.07～0.18	0.2～0.35	0.15～0.25
	180～220HBS	0.2～0.4	0.12～0.25	0.15～0.25	0.05～0.15	0.15～0.3	0.12～0.20
	220～300HBS	0.15～0.3	0.10～0.20	0.1～0.2	0.03～0.10	0.10～0.15	0.07～0.12
可锻铸铁	110～160HBS	0.2～0.5	0.1～0.30	0.2～0.35	0.08～0.18	0.2～0.4	0.15～0.25
	160～200HBS	0.2～0.4	0.1～0.25	0.2～0.3	0.07～0.20	0.2～0.35	0.15～0.20
	200～240HBS	0.15～0.3	0.1～0.20	0.12～0.25	0.05～0.15	0.15～0.30	0.12～0.20
	240～280HBS	0.1～0.3	0.1～0.15	0.1～0.2	0.02～0.08	0.1～0.20	0.07～0.12

工件材料	工件材料的硬度	硬 质 合 金		高 速 钢			
		面铣刀	三面刃铣刀	圆柱铣刀	立铣刀	面铣刀	三面刃铣刀
含 C<0.3%的合金钢	125~170HBS	0.15~0.5	0.12~0.3	0.12~0.2	0.05~0.2	0.15~0.3	0.12~0.20
	170~220HBS	0.15~0.4	0.12~0.25	0.1~0.2	0.05~0.1	0.15~0.25	0.07~0.15
	220~280HBS	0.10~0.3	0.08~0.20	0.07~0.12	0.03~0.08	0.12~0.20	0.07~0.12
	280~320HBS	0.08~0.2	0.05~0.15	0.05~0.1	0.025~0.05	0.07~0.12	0.05~0.10
含 C>0.3%的合金钢	170~220HBS	0.125~0.4	0.12~0.30	0.12~0.2	0.12~0.2	0.15~0.25	0.07~0.15
	220~280HBS	0.10~0.3	0.08~0.20	0.07~0.15	0.07~0.15	0.12~0.2	0.07~0.12
	280~320HBS	0.08~0.2	0.05~0.15	0.05~0.12	0.05~0.12	0.07~0.12	0.05~0.10
	320~380HBS	0.06~0.15	0.05~0.12	0.05~0.10	0.05~0.10	0.05~0.10	0.05~0.10
工具钢	退火状态	0.15~0.5	0.12~0.3	0.07~0.15	0.05~0.1	0.12~0.2	0.07~0.15
	36HRC	0.12~0.25	0.08~0.15	0.05~0.10	0.03~0.08	0.07~0.12	0.05~0.10
	46HRC	0.10~0.20	0.06~0.12	—	—	—	—
	50HRC	0.07~0.10	0.05~0.10	—	—	—	—
镁铝合金	95~100HBS	0.15~0.38	0.125~0.3	0.15~0.20	0.05~0.15	0.2~0.3	0.07~0.2

③ 铣削速度的选择。合理的铣削速度是在保证加工质量和铣刀寿命的条件下确定的。铣削时影响铣削速度的主要因素有：刀具材料的性质和刀具的寿命、工件材料的性质、加工条件及切削液的使用情况等。

粗铣时，由于金属切除量大，产生的热量多，切削温度高，为了保证合理的铣刀寿命，铣削速度要比精铣时低一些。在铣削不锈钢等韧性和强度高的材料，以及其他一些硬度和热强度等性能高的材料时，产生的热量更多，则铣削速度应降低。另外，粗铣时由于铣削力大，故还需考虑机床功率是否足够，必要时可适当降低铣削速度，以减小铣削功率。

精铣时，由于金属切除量小，故在一般情况下，可采用比粗铣时高一些的铣削速度。提高铣削速度的同时，又使铣刀的磨损速度加快，从而影响加工精度。因此，精铣时限制铣削速度的主要因素是加工精度和铣刀寿命。有时为了达到上述两个目的，采用比粗铣时还要低的铣削速度，即低速铣削。尤其在铣削加工面积大的工件，即一次铣削宽而长的加工面时，采用低速制，可使刀刃和刀尖的磨损量极少，从而获得高的加工精度。

表 4-3 推荐的数值是一般情况下的粗铣铣削速度，在实际工作中需按实际情况加以修改。

表 4-3   粗铣时的铣削速度

加 工 材 料				铣削速度 v/(m/min)	
名 称	牌 号	材料状态	硬 度	高速钢铣刀	硬质合金铣刀
低碳钢	Q235A	热轧	131HBS	25~45	100~160
	20	正火	156HBS	25~40	90~140
中碳钢	45	正火	≤229HBS	20~30	80~120
		调质	220~250HBS	15~25	60~100
合金结构钢	40Cr	正火	179~229HBS	20~30	80~120
		调质	200~230HBS	12~20	50~80
	38CrSi	调质	255~305HBS	10~15	40~70
	18CrMnTi	调质	≤217HBS	15~20	50~80
	38CrMoAlA	调质	≤310HBS	10~15	40~70

加工材料				铣削速度 v/(m/min)	
名　称	牌　号	材料状态	硬　度	高速钢铣刀	硬质合金铣刀
不锈钢	2Cr13	淬火回火	197～240HBS	15～20	60～80
	1Cr18Ni9Ti	淬火	≤207HBS	10～15	40～70
工具钢	9CrSi	—	197～241HBS	20～30	70～110
	W18Cr4V	—	207～255HBS	15～25	60～100
灰铸铁	HT150	—	163～229HBS	20～30	80～120
	HT200	—	163～229HBS	15～25	60～100
冷硬铸铁	—	—	52～55HRC	—	5～10
铜及铜合金	—	—	—	50～100	100～200
铝及铝合金	—	—	—	100～300	200～600

4.1.3　数控铣/加工中心基本指令

4.1.3.1　常用编程指令

（1）准备功能（G 功能）

准备功能 G 代码用来规定刀具和工件的相对运动轨迹、机床坐标系、坐标平面、刀具补偿、坐标偏置等多种加工操作。数控加工常用的 G 功能代码见表 4-4。

表 4-4　G 功能代码

G 代码	组	功　能	附　注
G00		定位（快速移动）	模态
G01	01	直线插补	模态
G02		顺时针方向圆弧插补	模态
G03		逆时针方向圆弧插补	模态
G04	00	停刀，准确停止	非模态
G17		XY 平面选择	模态
G18	02	XZ 平面选择	模态
G19		YZ 平面选择	模态
G28	00	机床返回参考点	非模态
G40		取消刀具半径补偿	模态
G41	07	刀具半径左补偿	模态
G42		刀具半径右补偿	模态
G43		刀具长度正补偿	模态
G44	08	刀具长度负补偿	模态
G49		取消刀具长度补偿	模态
G50	11	比例缩放取消	模态
G51		比例缩放有效	模态
G50.1	22	可编程镜像取消	模态
G51.1		可编程镜像有效	模态
G52	00	局部坐标系设定	非模态
G53	00	选择机床坐标系	非模态

G 代码	组	功 能	附 注
G54		工件坐标系 1 选择	模态
G55		工件坐标系 2 选择	模态
G56	14	工件坐标系 3 选择	模态
G57		工件坐标系 4 选择	模态
G58		工件坐标系 5 选择	模态
G59		工件坐标系 6 选择	模态
G65	00	宏程序调用	非模态
G66	12	宏程序模态调用	模态
G67		宏程序模态调用取消	模态
G68	16	坐标旋转	模态
G69		坐标旋转取消	模态
G73		断屑钻孔循环	模态
G74		左旋攻螺纹循环	模态
G76		精镗循环	模态
G80		取消固定循环	模态
G81		钻孔循环	模态
G82		反镗孔循环	模态
G83	09	深孔钻削循环	模态
G84		攻螺纹循环	模态
G85		镗孔循环	模态
G86		镗孔循环	模态
G87		背镗循环	模态
G88		镗孔循环	模态
G89		镗孔循环	模态
G90	03	绝对值编程	模态
G91		增量值编程	模态
G92	00	设置工件坐标系	非模态
G94	05	每分钟进给	模态
G95		每转进给	模态
G98	10	固定循环返回初始点	模态
G99		固定循环返回 R 点	模态

（2）辅助功能（M 代码）

辅助功能代码用于指令数控机床辅助装置的接通和关断，如主轴转/停、切削液开/关，卡盘夹紧/松开、刀具更换等动作。常用 M 代码见表 4-5。

表 4-5 常用 M 代码

代码	功 能	说 明
M00	程序暂停	当执行有 M00 指令的程序段后，主轴旋转、进给切削液都将停止，重新按下循环启动键，继续执行后面的程序段
M01	程序选择停止	功能与 M00 相同，但只有在机床操作面板上的选择停止键处于"ON"状态时，M01 才执行，否则跳过才执行
M02	程序结束	放在程序的最后一段，执行该指令后，主轴停、切削液关、自动运行停，机床处于复位状态

代码	功能	说明
M30	程序结束	放在程序的最后一段，除了执行 M02 的内容外，还返回到程序的第一段，准备下一个工件的加工
M03	主轴正转	用于主轴顺时针方向转动
M04	主轴反转	用于主轴逆时针方向转动
M05	主轴停止	用于主轴停止转动
M06	换刀	用于加工中心的自动换刀
M08	切削液开	用于切削液开
M09	切削液关	用于切削液关
M98	调用子程序	用于子程序
M99	子程序结束	用于子程序结束并返回主程序

4.1.3.2 坐标系编程指令

（1）有关坐标和坐标系的指令

1）工件坐标系设定 G92

① 格式：G92X__Y__Z__；

X、Y、Z 为当前刀位点在工件坐标系中的绝对坐标。

② 说明：

a. G92 指令通过设定刀具起点相对于要建立的工件坐标原点的位置建立坐标系。

b. 此坐标系一旦建立起来，后续的绝对值指令坐标位置都是此工件坐标系中的坐标值。

③ 举例：G92X20.0Y10.0Z10.0；

其确立的加工原点在距离刀具起始点 X=20.0、Y=10.0、Z=10.0 的位置上,如图 4-6 所示。

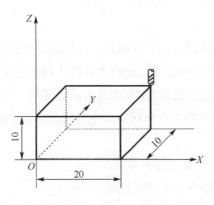

图 4-6　工件坐标系设定

2）绝对值编程 G90 与增量值编程 G91

① 格式：G90 G00/G01 X__Y__Z__；

　　　　　G91 G00/G01 X__Y__Z__；

② 注意：铣床编程中增量编程不能用 U、W，如果用,就表示为 U 轴、W 轴。

③ 举例：刀具由原点按顺序向 1、2、3 点移动时用 G90、G91 指令编程，见图 4-7。
注意：铣床中 X 轴不再是直径。

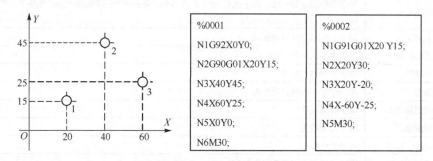

%0001	%0002
N1G92X0Y0;	N1G91G01X20 Y15;
N2G90G01X20Y15;	N2X20Y30;
N3X40Y45;	N3X20Y-20;
N4X60Y25;	N4X-60Y-25;
N5X0Y0;	N5M30;
N6M30;	

图 4-7　G90 与 G91 的应用

3）工件坐标系选择 G54～G59

工件坐标系选择（G54～G59）见图 4-8。

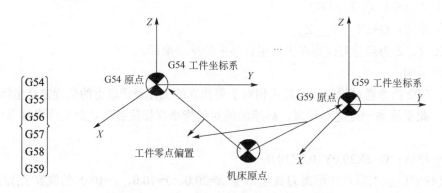

图 4-8　工件坐标系的选择（G54～G59）

说明：

① G54～G59 是系统预置的六个坐标系，可根据需要选用。

② 该指令执行后，所有坐标值指定的坐标尺寸都是选定的工件加工坐标系中的位置。1～6 号工件加工坐标系是通过 CRT/MDI 方式设置的。

③ G54～G59 预置建立的工件坐标原点在机床坐标系中的坐标值可用 MDI 方式输入，系统自动记忆。

④ 使用该组指令前，必须先回参考点。

⑤ G54～G59 为模态指令，可相互注销。

（2）坐标平面选择

1）坐标平面选择代码

坐标平面选择代码为 G17、G18、G19。

2）坐标平面选择代码的含义

① G17：XY 平面，刀具长度补偿值为 Z 平面。

② G18：*XZ* 平面，刀具长度补偿值为 *Y* 平面。

③ G19：*YZ* 平面，刀具长度补偿值为 *X* 平面。

3）坐标平面选择代码的说明

① 坐标平面选择代码是用来选择圆弧插补的平面和刀具补偿平面的。

② G17、G18、G19 为模态功能，可相互注销，G17 为缺省值。

坐标平面的选择见图 4-9。

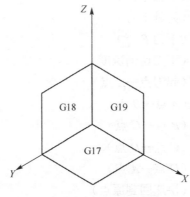

图 4-9 坐标平面的选择

（3）常用基本指令

1）直线插补编程

① 快速定位指令 G00。

格式：G00X＿Y＿Z＿；

其中，X、Y、Z 为快速定位终点，在 G90 时为终点在工件坐标系中的坐标；在 G91 时为终点相对于起点的位移量（空间折线移动）。

说明：

a. G00 指令一般用于加工前快速定位或加工后快速退刀。

b. 为避免干涉，通常的做法是不轻易三轴联动。一般先移动一个轴，再在其他两轴构成的面内联动。如：进刀时，先在安全高度 *Z* 上，移动（联动）*X*、*Y* 轴，再下移 *Z* 轴到工件附近；退刀时，先抬 *Z* 轴，再移动 *X*、*Y* 轴。

② 直线插补指令 G01。

格式：G01X＿Y＿Z＿F＿；

其中，X、Y、Z 为终点坐标，F 为进给速度，在 G90 时为终点在工件坐标系中的坐标；在 G91 时为终点相对于起点的位移量。

说明：

a. G01 指令刀具从当前位置以联动的方式，按程序段中 F 指令规定的合成进给速度，按合成的直线轨迹移动到程序段所指定的终点。

b. 实际进给速度等于指令速度 F 与进给速度修调倍率的乘积。

c. G01 和 F 都是模态代码，如果后续的程序段不改变加工的线形和进给速度，可以不再书写这些代码。

　　d. G01 可由 G00、G02、G03 或 G33 功能注销。

　　③ 举例。方形平板的铣削见图 4-10。编制程序如下。

O1234;

G17G90;　　　　　　　　　（初始化）

G54G00X70.0Y-70.0;　　　（设定工件坐标系）

M03S1000;　　　　　　　　（主轴正转）

G00Z100.;　　　　　　　　（刀具下刀）

Z5.0;　　　　　　　　　　（下刀 R 点）

G01Z-5.0F100;　　　　　　（下刀切削深度）

G01X50.0Y-50.0;　　　　　（起刀点→A 点）

G01X-50.0Y-50.0;　　　　　（A 点→B 点）

G01X-50.0Y50.0.;　　　　　（B 点→C 点）

G01X50.0Y50.0;　　　　　　（C 点→D 点）

G01X50.0Y-50.0;　　　　　（D 点→A 点）

G00X70.0Y-70.0;　　　　　（快速回到原点）

G00 Z100.;　　　　　　　　（快速抬刀）

M05;　　　　　　　　　　　（主轴停止）

M30;　　　　　　　　　　　（程序结束）

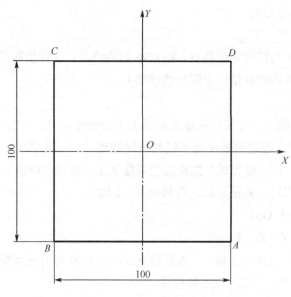

图 4-10　方形平板的铣削

　　2）圆弧插补编程

　　① 圆弧进给指令。G02：顺时针圆弧插补。G03：逆时针圆弧插补。

　　② 指令格式。

G17G02(G03)G90(G91)X__Y__I__J__F__；或
G17G02(G03)G90(G91)X__Y__R__F__；
G18G02(G03)G90(G91)X__Z__I__K__F__；或
G18G02(G03)G90(G91)X__Z__R__F__；
G19G02(G03)G90(G91)Y__Z__J__K__F__；或
G19G02(G03)G90(G91)Y__Z__R__F__；

③ 注意事项。

a．I 指圆弧起点指向圆心的连线在 X 轴上的投影矢量，与 X 轴方向一致为正，相反为负。

b．J 指圆弧起点指向圆心的连线在 Y 轴上的投影矢量，与 Y 轴方向一致为正，相反为负。

c．K 指圆弧起点指向圆心的连线在 Z 轴上的投影矢量，与 Z 轴方向一致为正，相反为负。

d．整圆不能用 R 编程，只能用 I、J、K。$\alpha \leqslant 180°$，R 取正值；$\alpha > 180°$，R 取负值。

④ 指令参数说明。

a．圆弧插补只能在某平面内进行。

b．G17 代码进行 XY 平面的指定，省略时就被默认为是 G17。

c．当在 ZX（G18）和 YZ（G19）平面上编程时，平面指定代码不能省略。

⑤ 圆弧方向的判断。如图 4-11 所示，G02 为顺时针方向圆弧插补，G03 为逆时针方向圆弧插补。顺时针或逆时针是从垂直于圆弧加工平面的第三轴的正方向看到的回转方向。

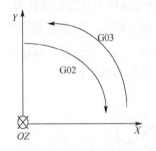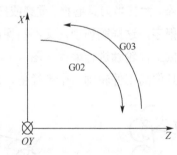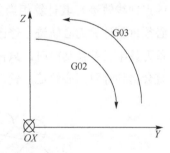

图 4-11　圆弧方向的判断

⑥ 举例。编制圆弧程序段，如图 4-12 所示。

a．大圆弧 AB。每段圆弧可由四个程序段表示。

G17G90G03X0Y25R-25F80；

G17G90G03X0Y25I0J25F80；

G17G91G03X-25Y25R-25F80；

G17G91G03X-25Y25I0J25F80；

b．小圆弧 AB。

G17G90G03X0Y25R25F80；

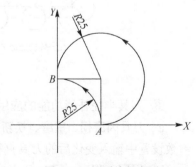

图 4-12　圆弧编程应用

G17G90G03X0Y25I-25J0F80；

G17G91G03X-25Y25R25F80；

G17G91G03X-25Y25I-25J0F80；

3）刀具半径补偿功能编程

① 名称及格式。G41 刀具半径补偿左偏置；G42 刀具半径补偿右偏置，G40 取消刀具半径补偿。

格式：

G41/G42G01/G00X__Y__D；

G40G01/G00X__Y__；

其中，X、Y 为 G00/G01 的参数，即刀补建立或取消的终点（投影到补偿平面上的刀具轨迹受到补偿）；D 为 G41/G42 的参数，即刀补号码，它代表了刀补表中对应的半径补偿值。

G41，左刀补(在刀具前进方向左侧补偿)；G42，右刀补(在刀具前进方向侧补偿)。

G40、G41、G42 都是模态代码，可相互注销。

注意事项：

a. 刀具半径补偿平面的切换必须在补偿取消方式下进行。

b. 刀具半径补偿的建立与取消只能用 G00 或 G01 指令，不得是 G02 或 G03。

② 刀具半径补偿的目的。在数控铣床上进行轮廓的铣削加工时，由于刀具半径的存在，刀具中心（刀心）轨迹和工件轮廓不重合。如果数控系统不具备刀具半径自动补偿功能，则只能按刀心轨迹进行编程，即在编程时给出刀具中心运动轨迹（图 4-13 所示的点划线轨迹），其计算相当复杂，尤其当刀具磨损、重磨或换新刀而使刀具直径变化时，必须重新计算刀心轨迹，修改程序，这样既烦琐，又不易保证加工精度。当数控系统具备刀具半径补偿功能时，只需按工件轮廓进行编程（图 4-13 中的粗实线轨迹），数控系统会自动计算刀心轨迹，使刀具偏离工件轮廓一个半径值，即进行刀具半径补偿。

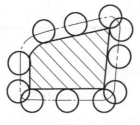　　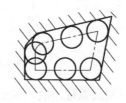

（a）外轮廓加工　　　　　　　　　　（b）内轮廓加工

图 4-13　刀具半径补偿

③ 刀具半径补偿功能的应用。

a. 刀具因磨损、重磨、换新刀而引起刀具直径改变后，不必修改程序，只需在刀具参数设置中输入变化后的刀具直径。

b. 用同一程序、同一尺寸的刀具，利用刀具半径补偿可进行粗精加工。

④ 判断刀具半径左、右补偿的方法。假设工件不动，沿着刀具的运动方向向前看，刀具位于运动方向左侧的刀具半径补偿，称为刀具半径左补偿；假设工件不动，沿着刀具的运动方向向前看，刀具位于运动方向右侧的刀具半径补偿，称为刀具半径右补偿，如图4-14所示。

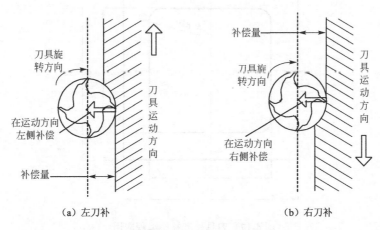

图4-14　刀具补偿方向

刀具半径补偿应用见图4-15。

4）刀具长度补偿功能编程

① 刀具长度补偿名称。G43，刀具长度正补偿；G44，刀具长度负补偿；G49，取消刀具长度补偿。刀具长度补偿见图4-16。

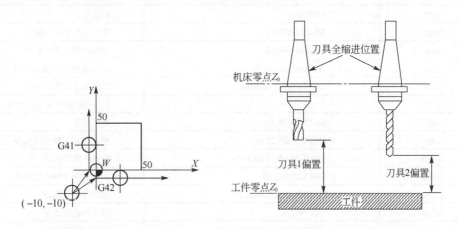

图4-15　刀具半径补偿应用 　　　　图4-16　刀具长度补偿

② 格式。

G43/G44G01/G00Z__H__；

G49G01/G00Z__；

其中，Z为G00/G01的参数，即刀补建立或取消的终点；H为刀具长度偏置号。

③ 举例。刀具长度补偿编程应用见图4-17。

第1章　第2章　第3章　第4章

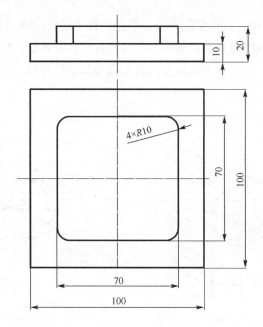

图 4-17　刀具长度补偿编程应用

加工程序见表 4-6。

表 4-6　加工程序

程　序　名	O0001；	
程 序 段 号	程　　　序	注　　　释
N10	G90G80G49G40G98；	程序初始化
N20	M06T03；	换 3 号刀
N30	G54G00X0Y0；	建立工件第一坐标系
N40	M03S600M08；	主轴正转，冷却液开
N50	G00X-35.0Y-60.0；	沿 X 轴和 Y 轴快速定位
N60	G43 G00Z100.0H01；	建立刀具长度正补偿
N70	Z5.0；	Z 向快速定位至工件附近
N80	G01Z-10.0F100；	Z 向进刀
N90	G01X-35.0Y25.0；	沿 X 轴和 Y 轴直线插补
N100	G02X-25.0Y35.0R10.0；	顺时针圆弧插补
N110	G01X25.0Y35.0；	沿 X 轴和 Y 轴直线插补
N120	G02X35.0Y25.0R10.0；	顺时针圆弧插补
N130	G01Y-25.0；	沿 Y 轴直线插补
N140	G02X-35.0Y-20.0R10.0；	顺时针圆弧插补
N150	G03X-50.0Y-5.0R15.0；	逆时针圆弧插补
N160	G01X-80.0；	沿 X 轴和 Y 轴直线插补
N170	G40G00X-85.0；	沿 X 轴退刀
N180	G49G00Z100.0；	取消刀具长度正补偿
N190	G00X100.0Y100.0；	退刀返回
N200	M05；	主轴停止
N210	M30；	程序结束

4.2 凸台加工工艺与编程

1. 任务引入

凸台外轮廓零件如图 4-18 所示。已知毛坯尺寸为 105mm×105mm×25mm 的长方料，材料为硬铝，按单件生产安排其数控加工工艺，试编写出凸台外轮廓加工程序并利用数控铣床加工出该零件。

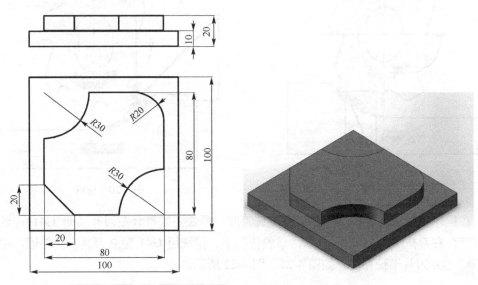

图 4-18　凸台外轮廓零件

2. 任务分析

图 4-18 为典型的轮廓类凸台零件，需要加工 U 形凸台轮廓，U 形凸台轮廓的中心位置由图中尺寸 80mm 和 80mm 确定。零件主要由直线及圆弧类轮廓构成，凸台轮廓分别由 R30 和 R20 圆弧和直线组成，此零件属于凸台型的铣削类零件，为典型的轮廓类铣削零件。

3. 相关知识

该零件属于典型的复合类数控铣削台阶类零件，我们进行零件图样分析，制订合理的加工工艺方案，编制优化的程序。

（1）顺铣和逆铣

在铣削加工中，根据铣刀的旋转方向和切削进给方向之间的关系，可以分为顺铣和逆铣两种。当铣刀的旋转方向和工件进给方向相同时称之为顺铣。

顺铣时，切削由厚变薄，刀齿从未加工表面切入，对铣刀的使用有利。顺铣适用于零件的精加工。

逆铣时，当铣刀刀齿接触工件后不能马上切入金属层，而是在工件表面滑动一小段距离，在滑动过程中，由于强烈的摩擦，就会产生大量的热量，同时在待加工表面易形成硬化层，降低了刀具的耐用度，影响工件表面光洁度，给切削带来不利。

第1章　第2章　第3章　第4章

当工件表面有硬皮、机床的进给机构有间隙时，应选用逆铣。因逆铣时，刀齿从已加工表面切入，不会崩刃，机床进给机构的间隙不会引起振动和爬行，因此粗铣时尽量采用逆铣。当工件表面无硬皮、机床进给机构无间隙时，应选用顺铣。因为顺铣加工后，零件表面质量好，刀齿磨损小，因此精铣时，应尽量采用顺铣。一般精铣采用顺铣。顺铣和逆铣分别见图 4-19、图 4-20。

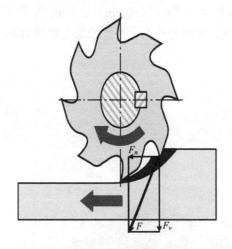 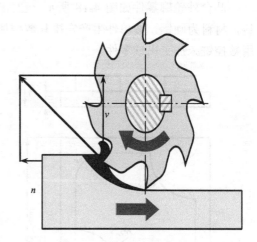

图 4-19　顺铣　　　　　　　　　　　　图 4-20　逆铣

在机床主轴正向旋转，刀具为右旋铣刀时，顺铣正好符合左刀补（即 G41），逆铣正好符合右刀补（即 G42）。所以，一般情况下，精铣用 G41 建立刀具半径补偿，粗铣用 G42 建立刀具半径补偿，如图 4-21、图 4-22 所示。

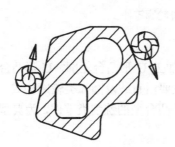

图 4-21　顺铣 G41

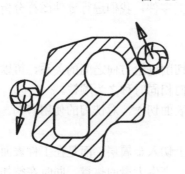

图 4-22　逆铣 G42

（2）走刀路线的选择

走刀路线的合理选择是非常重要的，因为它与零件的加工效率和表面质量密切相关。确定走刀路线的一般原则：

① 保证零件的加工精度和表面粗糙度的要求；

② 缩短走刀路线，减少进退刀时间和其他辅助时间；

③ 方便数值计算，减少编程工作量；

④ 尽量减少程序段数。

4．工艺分析

该零件为典型铣削类凸台轮廓零件，根据对图中零件的分析，决定把工序分为粗加工和精加工两道工序。零件需要先加工四周轮廓面，作为装夹的粗基准面，再加工U形凸台四周轮廓。

根据图样要求、毛坯及前道工序加工情况，确定工艺方案及加工路线。

① 选择切入、切出方式。考虑刀具的进、退刀路线时，刀具的切出或切入点应在沿零件轮廓的切线上，以保证工件轮廓光滑；应避免在工件轮廓面上垂直上、下刀而划伤工件表面；尽量减少在轮廓加工切削过程中的暂停，以免留下刀痕。

② 选择铣削方向。一般情况下尽可能采用顺铣，即外轮廓铣削时宜采用沿工件顺时针方向铣削。

③ 选择铣削路线。首先粗、精加工方形轮廓；然后掉头粗、精加工U形凸台。

5．刀具

刀具工艺卡片见表4-7。

表4-7　刀具工艺卡片

零件图号							使用设备	
刀具名称			刀具卡				数控铣床	
刀具编号		换刀方式		自动	程序编号		O1234	
刀具组成	序号	编号		刀具名称	规格	数量	备注	
	1	T01		盘铣刀	$\phi 60mm$	1		
	2	T02		立铣刀	$\phi 30mm$	1		
	3	T03		立铣刀	$\phi 20mm$	1		
编制		审核		批准	年　月　日		共　页	第　页

6．装夹方式

数控加工中心对夹具的基本要求是：能保证定位与夹紧，保证工件的尺寸精度、表面质量及加工效率。在这里我们以工件上表面几何中心为工件坐标系的原点，以底面为定位基准，两侧用机用台虎钳装夹，固定于加工中心工作台上，平口台虎钳见图4-23。

（1）数控铣削零件定位基准选择

① 所选基准应能保证零件定位准确，力求设计基准、工艺基准与编程原点统一，以减少基准不重合误差；

② 所选基准与各加工部位间的各个尺寸计算简单，以减少数控编程中的计算工作量；

③ 所选基准应能保证图纸各项加工精度要求。

（2）选择数控铣削零件定位基准应遵循的原则

① 尽量选择零件上的设计基准作为定位基准；

② 当零件的定位基准与设计基准不能重合且加工面与其设计基准又不能在一次安装内同时加工时，应认真分析装配图纸，确定该零件设计基准的设计功能，通过尺寸链的计算，严格规定定位基准与设计基准间的公差范围，确保加工精度；

③ 当无法同时完成包括设计基准在内的全部表面加工时，要考虑用所选基准定位后，一次装夹能够完成全部关键部位的加工；

④ 定位基准的选择要保证完成尽可能多的加工内容；

⑤ 批量加工时，零件定位基准应尽可能与建立工件坐标系的对刀基准重合；

⑥ 必须多次安装时应遵从基准统一原则。

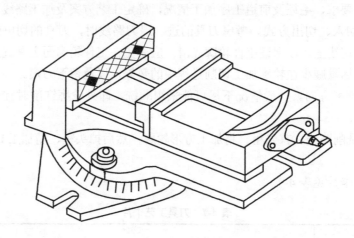

图 4-23　平口台虎钳

7．切削参数

数控加工工序卡片见表 4-8。

表 4-8　数控加工工序卡片

单位	数控加工工序卡片		产品名称及代号		零件名称	零件图号		材料
					凸台类零件	A4		铝
工序号	程序编号	夹具名称	夹具编号		使用设备			车间
1	1	台虎钳	2		加工中心			8
工步号	工步内容		程序编号	刀具号	刀具规格	加工参数		备注
						主轴转速 /(r/min)	进给速度 /(mm/min)	背吃刀量 /mm
1	粗铣凸台零件的底面为基准面，留 1mm 余量			T01	φ60mm	400	60	2	普铣
2	粗铣定位侧面，留 0.5mm 余量			T02	φ30mm	400	60	2	普铣
3	粗铣 U 形凸台，留 0.5mm 余量		O1234	T03	φ20mm	600	100	2	自动
4	精铣 U 形凸台，留 0.5mm 余量		O1234	T03	φ20mm	600	60	0.5	自动
编制		审核		批准		年 月 日	共 页	第 页

8. 加工程序

加工程序见表 4-9。

表 4-9　数控加工程序卡片

程 序 名	O1234;	
程 序 段 号	程　　序	注　　释
N10	G90G80G49G40G98;	程序初始化
N20	M06T03;	换 3 号刀
N30	M03S600M08;	主轴启动，切削液开
N40	G54G00X-100.0Y-100.0Z30;	建立工件坐标系
N50	G00Z-10.0;	Z 方向下至加工平面
N60	G41G01X-40.0Y-60.0D03F80;	建立刀具半径左补偿
N70	G01Y10.0;	沿 Y 轴直线插补
N80	G03X-10.0Y40.0R30.0;	逆时针圆弧插补
N90	G01X20.0;	沿 X 轴直线插补
N100	G02X40.0Y20.0R20.0;	顺时针圆弧插补
N110	G01Y-10.0;	沿 Y 轴直线插补
N120	G03X10.0Y-40.0R30.0;	逆时针圆弧插补
N130	G01X-20.0;	沿 X 轴直线插补
N140	G01X-40.0Y-20.0;	沿 X 轴和 Y 轴直线插补
N150	G03X-55.0Y-25.0R15.0;	逆时针圆弧插补
N160	G40G00X-100.0Y-100.0;	取消刀具半径补偿
N170	G00Z100.0;	加工完成之后返回
N180	M09;	关闭冷却液
N190	M05;	主轴停止
N200	M30;	程序结束

4.3　内腔加工工艺与编程

1. 任务引入

该零件为型腔类内轮廓零件，如图 4-24 所示。已知毛坯尺寸为 155mm×155mm×25mm 的长方料，材料为硬铝，按单件生产安排其数控加工工艺，试编写出该型腔加工程序并利用数控铣床加工出该工件。

2. 任务分析

该零件为典型的型腔类轮廓零件，该零件的型腔由梅花状的岛屿与方形带有圆角的类轮廓组成。内腔轮廓的中心位置定位由尺寸 60mm 和 60mm 确定，内腔深度为 10mm。内腔岛屿由 R10 和 R15 圆弧及直线段交替相切组成，方形的内轮廓由四个 R15 的圆弧及直线组成。该零件为典型的型腔岛屿类铣削零件。

3. 相关知识

在确定数控铣削加工路线时，应遵循如下原则：保证零件的加工精度和表面粗糙度；使走刀路线最短，减少刀具空行程时间，提高加工效率；使节点数值计算简单，程序段数量少，以减少编程工作量；最终轮廓一次走刀完成。

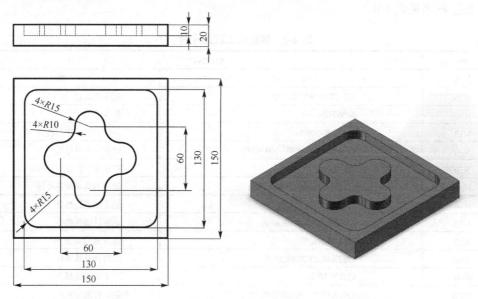

图 4-24　型腔类零件

（1）铣削平面类零件的加工路线

铣削平面类零件外轮廓时，一般采用立铣刀侧刃进行切削。为减少接刀痕迹，保证零件表面质量，对刀具的切入和切出程序需要精心设计。

（2）铣削内轮廓的加工路线

① 铣削封闭的内轮廓表面时，若内轮廓曲线允许外延，则应沿切线方向切入切出。若内轮廓曲线不允许外延（图 4-25），则刀具只能沿内轮廓曲线的法向切入切出，并将其切入、切出点选在零件轮廓两几何元素的交点处。当内部几何元素相切无交点时，为防止刀补取消时在轮廓拐角处留下凹口，刀具切入、切出点应远离拐角，如图 4-26 所示。

② 当用圆弧插补铣削内圆弧时，也要遵循从切向切入、切出的原则，最好安排从圆弧过渡到圆弧的加工路线，提高内孔表面的加工精度和质量。

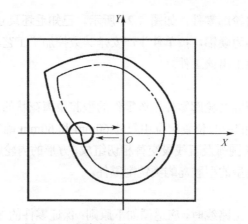

图 4-25　内轮廓曲线不允许外延的情况

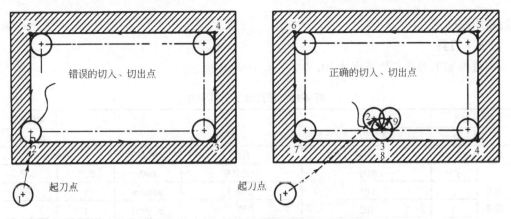

图 4-26　内部几何元素相切无交点的情况

4．工艺分析

图 4-24 为典型的型腔类铣削零件，针对零件图进行图纸分析，我们把工序分为粗加工和精加工两道工序。先对零件加工的毛坯进行四周的粗加工，作为装夹的粗基准面，制订合理的加工工艺方案对零件进行加工。

数控铣削加工顺序安排得合理与否，将直接影响到零件的加工质量、生产率和加工成本。应根据零件的结构和毛坯状况，结合定位及夹紧的需要综合考虑，重点应保证工件的刚度不被破坏，尽量减少变形。

（1）加工顺序的安排原则

① 基面先行原则。用作精基准的表面，要首先加工出来。因为定位基准的表面越精确，装夹误差就越小。

② 先粗后精原则。先安排粗加工，中间安排半精加工，最后安排精加工，逐步提高加工表面的加工精度，减小加工表面粗糙度。

③ 先主后次原则。先安排零件的装配基面和工作表面等主要表面的加工，后安排如键槽、紧固用的光孔和螺纹孔等次要表面的加工。

④ 先面后孔原则。对于箱体、支架类零件，平面轮廓尺寸较大，先加工用作定位的平面和孔的端面，然后加工孔。

⑤ 先内后外原则。即先进行内型腔加工，后进行外形加工。

（2）零件加工工艺方案

① 切入、切出方式选择。铣削封闭内轮廓表面时，刀具无法沿轮廓线的延长线方向切入、切出，只有沿法线方向切入、切出或圆弧切入、切出。切入、切出点应选在零件轮廓两几何要素的交点上，而且进给过程中要避免停顿。

② 铣削方向选择。一般采用顺铣，即在铣削内轮廓时采用沿内轮廓逆时针的铣削方向比较好。

③ 铣削路线。内腔轮廓的粗加工采用分层铣削的方式。由中心位置处下刀，采用环切的切削方法进行铣削，去除多余材料。粗加工与精加工的切削路线相同。

④ 加工顺序安排。根据零件的结构和技术要求方法，该零件上平面加工顺序按先粗

后精原则确定。

5．刀具

数控加工刀具卡片见表 4-10。

表 4-10　数控加工刀具卡片

零件图号			刀具卡			使用设备	
刀具名称						数控铣床	
刀具编号		换刀方式	自动		程序编号	O0008	
刀具组成	序号	编号	刀具名称	规格	数量	备注	
	1	T01	盘铣刀	ϕ60mm	1		
	2	T02	立铣刀	ϕ30mm	1		
	3	T03	立铣刀	ϕ16mm	1		
编制		审核		批准		年　月　日	共　页　第　页

6．装夹方式

数控加工中心对夹具的基本要求是：能保证定位与夹紧，保证工件的尺寸精度、表面质量及加工效率。在这里我们以工件上表面几何中心为工件坐标系的原点，采用通用夹具平口台虎钳。

7．切削参数

数控加工工序卡片见表 4-11。

表 4-11　数控加工工序卡片

单位		数控加工工序卡片		产品名称及代号		零件名称	零件图号	材料	
						型腔零件	A4	铝	
工序号	程序编号	夹具名称		夹具编号		使用设备		车间	
1	O0008	台虎钳		2		加工中心		5	
工步号	工步内容		程序编号	刀具号	刀具规格	加工参数			备注
						主轴转速 /(r/min)	进给速度 /(mm/min)	背吃刀量 /mm	
1	粗铣型腔零件的底面为基准面，留 1mm 余量		O0001	T01	ϕ60mm	400	60	2	普铣
2	粗铣定位侧面，留 0.5mm 余量		O0001	T02	ϕ30mm	400	60	2	普铣
3	粗铣型腔内轮廓，留 0.5mm 余量		O0001	T03	ϕ20mm	600	90	2	自动
4	精铣型腔内轮廓，留 0.5mm 余量		O0008	T03	ϕ20mm	600	60	0.5	自动
编制		审核		批准		年　月　日	共　页	第　页	

8．加工程序

加工程序见表 4-12。

表 4-12　数控加工程序卡片

程序名	O0008；		
程序段号	程序		注释
N10	G90G80G49G40G98；		程序初始化
N20	M06T03；		换 3 号刀
N30	G43G00X35.0Y-45.0Z30.0H03；		刀具长度正补偿

程 序 名	O0008；	
程 序 段 号	程　序	注　释
N40	M03S600M08；	主轴正转，冷却液开
N50	G00Z4.0；	Z 向进刀
N60	G98P30001；	调用 O0001 号子程序 3 次进行粗加工
N70	G28Z100.0；	回机床参考点
N80	G80G17G40；	程序初始化
N90	G00X35.0Y-45.0；	刀具快速靠近工件
N100	Z-5.0；	Z 向进刀
N110	M98P0001；	调用 O0001 号子程序进行精加工
N120	G00Z100.0；	Z 向退刀
N130	G00X100.0Y100.0；	刀具退至安全点
N140	G28；	回机床参考点
N150	G40G80；	程序初始化
N160	G41G00X10.0Y-55.0D03；	建立刀具半径左补偿
N170	G01Z-10.0F50.0；	Z 向进刀
N180	G03X0Y-45.0R10.0；	逆时针圆弧插补（圆弧切入）
N190	G02X-15.0Y-30.0R15.0；	顺时针圆弧插补
N200	G01Y-25.0；	沿 Y 轴直线插补
N210	G03X-25.0Y-15.0R10.0；	逆时针圆弧插补
N220	G01X-30.0；	沿 X 轴直线插补
N230	G02X-30.0Y15.0R15.0；	顺时针圆弧插补
N240	G03X-15.0Y25.0.0R10.0；	逆时针圆弧插补
N250	G01Y30.0；	沿 Y 轴直线插补
N260	G02X15.0Y30.0R10.0；	顺时针圆弧插补
N270	G01Y25.0；	沿 Y 轴直线插补
N280	G03X25.0Y15.0R10.0；	逆时针圆弧插补
N290	G01X30.0；	沿 X 轴直线插补
N300	G02X30.0Y-15.0R15.0；	顺时针圆弧插补
N310	G01X25.0；	沿 X 轴直线插补
N320	G03X15.0Y-30.0R15.0；	逆时针圆弧插补
N330	G01Y-35.0；	沿 Y 轴直线插补
N340	G02X0Y-45.0R15.0；	顺时针圆弧插补
N350	G03X-10.0Y-55.0R10.0；	逆时针圆弧插补
N360	G40G00Z100.0；	Z 向退刀
N370	G00X100.0Y100.0；	X 向和 Y 向退刀，退至安全点
N380	M09；	冷却液关闭
N390	M05；	主轴停止
N400	M30；	程序结束
N410	O0001；	子程序名
N420	G91G01Z-5.0；	Z 向进刀
N430	G90G41G01X65.0Y-45.0D03F80；	建立刀具半径左补偿
N440	G01Y40.0；	沿 Y 轴直线插补
N450	G03X40.0Y65.0R15.0；	逆时针圆弧插补

程 序 名	O0008；	
程序段号	程　　序	注　　释
N460	G01X-40.0；	沿 X 轴直线插补
N470	G03X-65.0Y-40.0R15.0；	逆时针圆弧插补
N480	G01Y-40.0；	沿 Y 轴直线插补
N490	G03X-40.0Y-65.0R15.0；	逆时针圆弧插补
N500	G01X40.0；	沿 X 轴直线插补
N510	G03X65.0Y-40.0R15.0；	逆时针圆弧插补
N520	G02X55.0Y-30.0R10.0；	顺时针圆弧插补（圆弧切出）
N530	G91G00Z1.0；	退刀
N540	G90G00G40X35.0Y-45.0；	取消刀具半径补偿，退至安全点
N550	M99；	子程序结束

4.4 孔加工工艺与编程

1. 任务引入

图 4-27 为孔类零件，已知材料为硬铝，毛坯尺寸为 105mm×105mm×25mm，所有加工面的表面粗糙度 Ra 值为 1.6μm。试编写此工件的孔加工程序并在数控铣床上加工出来。

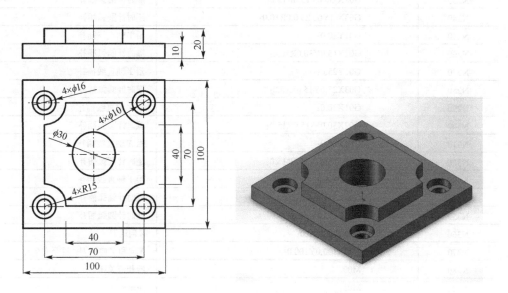

图 4-27　孔类零件

2. 任务分析

该零件为典型的孔复合类零件，零件由四个直径为 ϕ 16mm 的沉头孔和形状为方形带圆弧倒角的凸台轮廓所构成，零件中心由 ϕ 30mm 的通孔构成。零件定位中心由尺寸为 50mm 和 30mm 确定。根据零件结构特征以及工艺要求，对零件进行 ϕ 10mm 孔的加工，ϕ16mm 孔为阶台孔，孔深为 5mm。再进行 ϕ30mm 通孔的加工，同时要保证孔精度要求。

3．相关知识

（1）孔加工的关键技术

① 孔加工刀具的刚度问题。为了增加孔加工刀具的刚性，防止产生振动，保证孔的中心位置准确，我们尽可能选择合适直径的孔加工刀具，采取分工序完成加工。

② 孔加工的排屑问题。为了防止排屑困难，铁屑阻断刀具切削，我们采取断续加工，给铁屑留有排屑时间。

（2）常见孔的加工方法

① 钻孔。对于精度要求不高的孔，可用麻花钻直接钻出；对于精度要求较高的孔，钻孔后还要经过镗孔或铰孔才能够完成。

② 镗孔。

③ 铰孔。铰孔是用铰刀对淬硬孔进行精加工的一种方法。铰孔刀具是尺寸精确的多刃刀具，铰孔的质量好，效率高，目前在批量生产中已得到广泛应用，其精度可达 IT7～IT9 级，表面粗糙度 Ra 值可达 0.4μm。

（3）加工指令

1）定点钻孔循环 G81

格式：G81 X__Y__Z__R__F__K__;

其中，X、Y 为孔的位置；Z 为孔底位置；R 为加工初始位置；F 为切削进给速度。K 为重复次数，未指定时默认为 1 次。G81 指令见图 4-28。

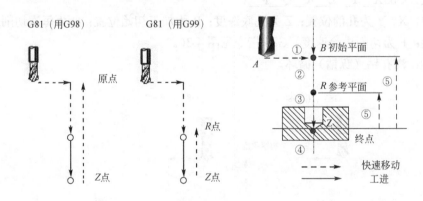

图 4-28　G81 指令

功能：G81 命令可用于一般孔的加工，如盲孔、锪孔或镗阶梯孔的加工。

加工过程：① XY 平面孔定位；② 快速下至 R 基准面；③ Z 轴向下钻孔；④ 快速返回起始点（G98 时）或 R 基准面（G99 时）；⑤ 若有 K 字段，则循环①～④做完 K 个孔。

2）钻孔循环指令 G82

格式：G82X__Y__R__Z__P__F__;

其中，X、Y 为孔位置；Z 为孔底深度；R 为加工初始位置；P 为在孔底的暂停时间；

F 为切削进给速度。G82 指令见图 4-29。

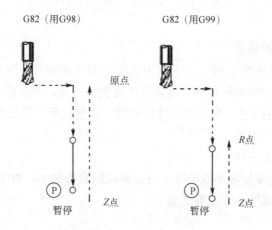

图 4-29　G82 指令

功能：用于孔底暂停钻孔循环，适用于盲孔、锪孔或镗阶梯孔的加工以及孔底精度要求较高的零件。

加工过程：① XY 平面孔定位；② 快速下至 R 基准面；③ Z 轴向下钻孔，在孔底暂停 P 给定的时间；④ 快速返回起始点（G98 时）或 R 基准面（G99 时）；⑤ 若有 K 字段，则循环①～④做完 K 个孔。

3）深孔钻孔循环指令 G83

格式：G83X__Y__Z__R__Q__F__；

其中，X、Y 为孔的位置；Z 为孔底深度；R 为加工初始位置；Q 为每次切削进给的切削深度；F 为切削进给速度。G83 指令见图 4-30。

功能：深孔钻（啄钻）循环。

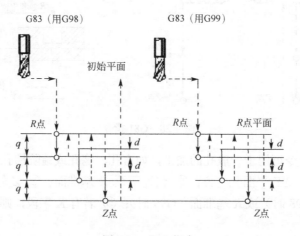

图 4-30　G83 指令

4）镗孔循环指令 G86

格式：G86X__Y__Z__F__R__；

其中，X、Y 为孔的位置；Z 为攻螺纹 Z 向终点坐标；F 为进给速度，mm/min；R 为参考平面位置高度。该指令同样有 G98 和 G99 两种方式。

G86 与 G81 的区别是：G86 在到达孔底位置后，主轴停止转动，并快速退出。

5）精镗循环指令 G76

格式：G76X__Y__Z__F__R__P__Q__；

其中，X、Y 为孔的位置；Z 为攻螺纹 Z 向终点坐标；F 为进给速度，mm/min；R 为参考平面位置高度；Q 为刀具在孔底的偏移值；P 为用于孔底动作有暂停的固定循环中指定暂停时间，s。该指令同样有 G98 和 G99 两种方式。

G76 与 G86 的区别是：G76 在孔底有三个动作，即进给暂停、主轴准停（定向停止）、刀具沿刀尖的反方向偏移 Q 值，然后快速退出，这样保证刀具不划伤孔的表面。

4. 工艺分析

图 4-27 为典型的孔复合类零件，通过图纸分析，根据设计基准和工艺基准，得出该孔类零件需要先加工 ϕ30mm 通孔，再加工零件四周 ϕ10mm 的通孔，最后加工 ϕ16mm 台阶孔，在加工中要保证孔之间的同轴度要求以及孔内壁的表面粗糙度要求。

① 加工工艺分析。按长径比的大小，孔可分为深孔和浅孔两类。

② 加工过程。确定加工顺序时，按照先粗后精、先面后孔的原则，其加工顺序为：编程加工前应钻孔，钻孔前校平工件，用中心钻钻 4×ϕ10mm 和 ϕ30mm 通孔的中心孔；用 ϕ30mm 钻头钻 ϕ30mm 的通孔；用 ϕ10mm 钻头钻 4×ϕ10mm 的通孔；用 ϕ16mm 钻头钻 4×ϕ16mm 的通孔。

5. 刀具

数控加工刀具卡片见表 4-13。

表 4-13　数控加工刀具卡片

零件图号			刀 具 卡			使用设备	
刀具名称						数控铣床	
刀具编号		换刀方式	自动	程序编号		O0008	
刀具组成	序号	编号	刀具名称	规格	数量	备注	
	1	T01	中心钻	A2	1	自动	
	2	T02	麻花钻	ϕ30mm	1	自动	
	3	T03	麻花钻	ϕ10mm	1	自动	
	4	T04	麻花钻	ϕ16mm	1	自动	
编制		审核		批准		年　月　日	共　页　第　页

6. 装夹方式

数控加工中心对夹具的基本要求是：能保证定位与夹紧，保证工件的尺寸精度、表面质量及加工效率。在这里我们以工件上表面几何中心为工件坐标系的原点，采用通用夹具平口台虎钳。

7. 切削参数

数控加工工序卡片见表 4-14。

表 4-14 数控加工工序卡片

单位	数控加工工序卡片		产品名称及代号		零件名称	零件图号		材料
					孔类零件	A4		铝
工序号	程序编号	夹具名称	夹具编号		使用设备			车间
1	O0005	台虎钳	3		加工中心			3
工步号	工步内容		程序编号	刀具号	刀具规格	加工参数				备注

工步号	工步内容	程序编号	刀具号	刀具规格	主轴转速 /(r/min)	进给速度 /(mm/min)	背吃刀量 /mm	备注
1	钻中心孔	O0001	T01	A2	1000	80	2	自动
2	钻ϕ10mm 通孔	O0001	T02	ϕ30mm	600	60	2	普铣
3	钻ϕ30mm 通孔	O0001	T03	ϕ10mm	500	30	2	自动
4	钻ϕ16mm 台阶孔	O0008	T04	ϕ16mm	600	60	2	自动
编制		审核		批准		年 月 日	共 页	第 页

8. 加工程序

加工程序见表 4-15。

表 4-15 数控加工程序卡片

程序名	O1234;	
程序段号	程序	注释
N10	G90G80G49G40G98G17G54;	程序初始化
N20	M06T01;	换 1 号刀
N30	M03S1000;	主轴正转，转速为 1000r/min
N40	G43G00Z30H01;	刀具长度正补偿
N50	G00X35.0Y-35.0M08;	快速定位至第一个孔的位置
N60	G99G81Z-5.0R5.0F80.0;	用 G81 指令钻第一个定位孔
N70	X35.0Y35.0;	钻第二个定位孔
N80	X-35.0Y35.0;	钻第三个定位孔
N90	X-35.0Y-35.0;	钻第四个定位孔
N100	X0Y0Z-3.0;	钻第五个定位孔
N110	G49G80G28Z150.0;	取消孔加工固定循环，返回机床参考点
N120	M05;	主轴停止
N130	M06T02;	换 2 号刀
N140	M03S600;	主轴正转，转速为 600r/min
N150	G43G00Z30.0H02M08;	建立 2 号刀具长度正补偿
N160	G00X80.0Y-80.0;	快速定位至第一个孔的位置
N170	G99G83Z-20.0R5.0Q3.0F50.0;	用 G83 指令钻第一个通孔
N180	X35.0Y35.0;	钻第二个通孔
N190	X-35.0Y35.0;	钻第三个通孔
N200	X-35.0Y-35.0;	钻第四个通孔
N210	G49G80G28Z150.0M09;	快速退刀至机床参考点，切削液关闭
N220	M05;	主轴停止
N230	M06T03;	换 3 号刀
N240	G54M03S500;	主轴正转，转速为 500r/min
N250	G43G00Z30.0H03M08;	建立 3 刀具长度正补偿，切削液开

程　序　名	O1234;	
程　序　段　号	程　　　序	注　　释
N260	G00X0Y0;	快速定位点（X0，Y0）
N270	G99G83Z-20.0R5.0Q3.0F30.0;	用 G80 指令扩孔至φ30mm 通孔
N280	G49G80G28Z150.0M09;	快速退刀至机床参考点，切削液关闭
N290	M05;	主轴停止
N300	M06T04;	换 4 号刀
N310	G54M03S600;	主轴正转，转速为 600r/min
N320	G43G00Z30.0H04M08;	建立 4 号刀具长度补偿，并快速定位
N330	G00X35.0Y-35.0;	快速定位至点（X35.0,Y-35.0）
N340	G99G83Z-20.0R5.0Q3.0F60.0;	用 G81 指令钻第一个台阶孔
N350	X35.0Y35.0;	钻第二个台阶孔
N360	X-35.0Y35.0;	钻第三个台阶孔
N370	X-35.0Y-35.0;	钻第四个台阶孔
N380	G80G28Z150.0;	快速退刀至机床参考点
N390	G49;	取消刀具长度正补偿
N400	M09;	切削液关闭
N410	M05;	主轴停止
N420	M30;	程序结束

4.5 简化编程指令

4.5.1 坐标系旋转指令

① 使用坐标旋转指令的条件:所要旋转的图形形状、尺寸、精度要求相同。

② 坐标旋转格式：（G17/G18/G19）G68 a__ b__ R__ ；坐标开始旋转。

其中，G17/G18/G19 表示平面选择；在 G68 后面的 a、b 用来指定旋转中心；R 为角度位移，正值表示逆时针旋转。根据指令的 G 代码（G90 或 G91）确定绝对值或增量值。最小输入增量单位：0.001°；有效数据范围：-360.000°～360.000°。

G69 为坐标系旋转取消指令。

③ 使用坐标旋转指令时应注意的事项：

a. 在坐标旋转 G 代码(G68)的程序段之前指定平面选择代码，平面选择代码不能在坐标旋转方式中指定。

b. 当 a、b 不编程时，G68 程序段的刀具位置认为是旋转中心。

c. 若程序中未编制 R 值，则参数 5410 中的值被认为是角度位移值。

d. 在坐标旋转之后，方可执行刀具半径补偿、刀具长度补偿、刀具偏置和其他补偿操作。

坐标系旋转应用实例如图 4-31 所示。

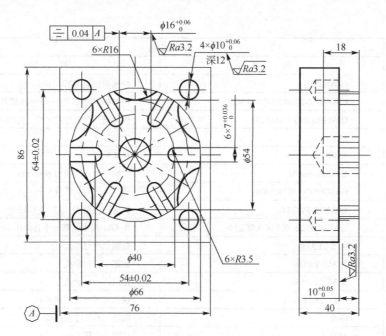

图 4-31 坐标系旋转应用实例

其加工程序见表 4-16。

表 4-16 数控加工程序卡片

程 序 名	O1234；（粗铣直径ϕ66mm 的外圆）	
程 序 段 号	程　　　序	注　　　释
N10	T1M6；	（直径ϕ50mm 平底刀）换 1 号刀具
N20	G90G54G00X0Y-59.0S600M3；	主轴正转，冷却液开
N30	G43Z50.0H1；	建立刀具长度正补偿
N40	Z10.0；	Z 方向快速定位至工件附近
N50	G01Z-10.0F100；	Z 向进刀
N60	G03X0Y-59.0I0J59.0；	逆时针圆弧插补
N70	G00Z10.0；	Z 向退刀
N80	G91G28Z0M5；	回机床参考点
N90	M30；	程序结束
N100	N2；	精铣直径ϕ66mm 外圆
N110	T2M6；	换 2 号刀
N120	G90G54G00X0Y-37.0S800M3；	主轴正转，冷却液开，工件快速定位
N130	G43Z50.0H2；	建立刀具长度正补偿
N140	Z10.0；	Z 方向快速定位至工件附近
N150	G01Z-10.0F100；	Z 向进刀
N160	G41G01X4.0D2；	建立刀具半径左补偿
N170	G03X0Y-33.0R4.0；	逆时针圆弧插补
N180	G02X0Y-33.0I0J33.0；	顺时针圆弧插补
N190	G03X-4.0Y-37.0R4.0；	逆时针圆弧插补
N200	G40G01X0；	取消刀具半径左补偿
N210	G00Z50.0M5；	Z 向退刀

程 序 名	O1234；（粗铣直径φ66mm 的外圆）	
程 序 段 号	程　　序	注　　释
N220	M30；	程序结束
N230	N3；	加工 6 个 7mm 半封闭槽
N240	T2M6；	换 2 号刀
N250	G90G54G00X0Y37.0S800M3；	主轴正转，冷却液开，工件快速定位
N260	G43Z50.0H2；	建立刀具长度正补偿
N270	Z10.0；	Z 方向快速定位至工件附近
N280	M98P1000；	调用 O1000 号子程序一次进行粗加工
N290	G68X0Y0R60.0；	使用坐标旋转指令
N300	M98P1000；	调用 O1000 号子程序一次进行粗加工
N310	G68X0Y0R120.0；	使用坐标旋转指令
N320	M98P1000；	调用 O1000 号子程序一次进行粗加工
N330	G68X0Y0R180.0；	使用坐标旋转指令
N340	M98P1000；	调用 O1000 号子程序一次进行粗加工
N350	G68X0Y0R240.0；	使用坐标旋转指令
N360	M98P1000；	调用 O1000 号子程序一次进行粗加工
N370	G68X0Y0R300.0；	使用坐标旋转指令
N380	M98P1000；	调用 O1000 号子程序一次进行粗加工
N390	G69；	取消坐标旋转指令
N400	G00Z10.0；	Z 向退刀
N410	G91G28Z0M5；	回机床参考点
N420	M30；	程序结束
N10	O1000；	粗精加工 6 个 7mm 半封闭槽
N20	G1X32.81Y0F100；	沿 X 轴直线插补
N30	Z-10.0；	Z 向进刀
N40	G41G01X36.31D2；	建立刀具半径左补偿
N50	G03X32.81Y3.5R3.5；	逆时针圆弧插补
N60	G01X20.0；	沿 X 轴直线插补
N70	G03X20.0Y-3.5R3.5；	逆时针圆弧插补
N80	G01X32.81；	沿 X 轴直线插补
N90	G03X36.31Y0R3.5；	逆时针圆弧插补
N100	G40G01X32.81；	取消刀具长度正补偿
N110	G00Z10.0；	Z 向退刀
N120	M99；	子程序结束
N130	N4；	铣 6 个 R16mm 的圆弧
N140	N10T3M6；	换 3 号刀（直径φ20mm 平底刀）
N150	G90G54G00X0Y0S800M3；	主轴正转，冷却液开，工件快速定位
N160	G43H3Z50.0；	建立刀具长度正补偿
N170	Z10.0；	Z 方向快速定位至工件附近
N180	M98P1001；	调用 O1001 号子程序一次进行粗加工
N190	G68X0Y0R60.0；	使用坐标旋转指令
N200	M98P1001；	调用 O1001 号子程序一次进行粗加工
N210	G68X0Y0R120.0；	使用坐标旋转指令

程 序 名	O1234；（粗铣直径φ66mm 的外圆）	
程 序 段 号	程　序	注　释
N220	M98P1001；	调用 O1001 号子程序一次进行粗加工
N230	G68X0Y0R180.0；	使用坐标旋转指令
N240	M98P1001；	调用 O1001 号子程序一次进行粗加工
N250	G68X0Y0R240.0；	使用坐标旋转指令
N260	M98P1001；	调用 O1001 号子程序一次进行粗加工
N270	G68X0Y0R300.0；	使用坐标旋转指令
N280	M98P1001；	调用 O1001 号子程序一次进行粗加工
N290	G69；	取消坐标旋转指令
N300	G00Z50.0；	Z 向退刀
N310	G91G28Z0M5；	回机床参考点
N320	M30；	程序结束
N330	O1001；	铣削 $R16$mm 的圆弧
N340	G1X10.56Y-42.1F100；	沿 X 轴和 Y 轴直线插补
N350	Z-10.0；	Z 向进刀
N360	G41G01X21.56D3；	建立刀具半径左补偿
N370	G03X10.56Y-31.1R11.0；	逆时针圆弧插补
N380	G03X-10.56Y-31.1R16.0；	逆时针圆弧插补
N390	G03X-21.56Y-42.0R11.0；	逆时针圆弧插补
N400	G40G01X-10.56；	取消刀具半径左补偿
N410	G00Z10.0；	Z 向退刀
N420	M99；	子程序结束

4.5.2　极坐标指令

（1）极坐标指令格式

G□□G○○G16；

说明：

① G□□为极坐标的平面选择（G17、G18、G19）。

② G○○为 G90 指定工件坐标系的零点作为极坐标系的原点，从该点测量半径；G91 指定当前位置作为极坐标系的原点,从该点测量半径；G15 为极坐标取消指令。

注：在 G□□平面选择完后，第一轴代表极坐标半径，第二轴代表极坐标角度。

（2）使用极坐标指令时应注意的事项

在极坐标方式中不能指定任意角度倒角和拐角圆弧过渡。

（3）应用实例

极坐标应用实例如图 4-32 所示。

（4）加工程序

加工程序见表 4-17。

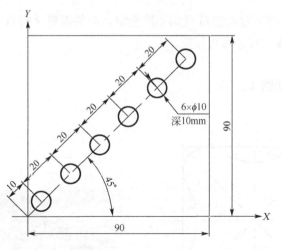

图 4-32 极坐标应用实例

表 4-17 数控加工程序卡片

程 序 名	O1122;	
程序段号	程 序	注 释
N10	T1M6;	换 1 号刀
N20	G16G90G54G0X0Y0S600M3;	主轴正转，采用极坐标指令
N30	Z50.0;	Z 向快速定位靠近工件
N40	Z10.0;	Z 向定位
N50	M8;	切削液打开
N60	G99G81X10.0Y45.0Z-10.0R2.0F50;	极径表示
N70	X30.0Y45.0;	用 G81 指令钻第二个定位孔
N80	X50.0Y45.0;	用 G81 指令钻第三个定位孔
N90	X70.0Y45.0;	极角表示
N100	X90.0Y45.0;	用 G81 指令钻第五个定位孔
N110	G98X110.0Y45.0;	用 G81 指令钻第六个定位孔
N120	G15;	取消极坐标指令
N130	G0Z50.0M5;	Z 向退刀返回
N140	M9;	关闭切削液
N150	M30;	程序结束

4.5.3 镜像指令

（1）可编程镜像指令格式

G51.1*IP*；

用 G51.1 可以指定镜像的对称点和对称轴。G50.1 为可编程镜像取消指令。

（2）使用镜像指令时应注意的事项

① CNC 的数据处理顺序是从程序镜像到比例缩放和坐标系旋转。应按该顺序指定指令，取消时，按相反顺序。在比例缩放或坐标系旋转方式，不能指定 G50.1 或 G51.1。

② 在可编程镜像方式中，与返回参考点（G27、G28、G29、G30 等）和改变坐标

系（G52~G59,G92 等）有关的 G 代码不准指定。如果需要这些 G 代码的任意一个，必须在取消可编程镜像方式之后再指定。

（3）应用实例

镜像应用实例如图 4-33 所示。

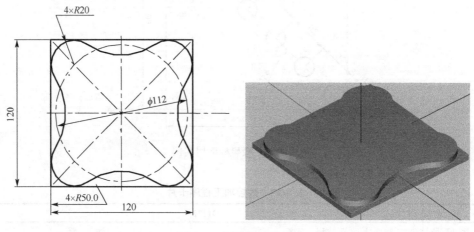

图 4-33　镜像应用实例

（4）加工程序

1）主程序

主程序见表 4-18。

表 4-18　数控加工程序卡片（主程序）

程 序 名	O1118;	
程 序 段 号	程　　序	注　　释
N10	T1M6;	换 1 号刀
N20	G90G54G0X60.0Y0S600M03;	建立工件第一坐标系
N30	Z50.0;	Z 向定位
N40	Z10.0;	Z 向进刀
N50	M98P1000;	调用 O1000 号子程序进行加工
N60	G51.1X0;	采用可编程镜像指令
N70	M98P1000;	调用 O1000 号子程序进行加工
N80	G51.1X0Y0;	采用可编程镜像指令
N90	M98P1000;	调用 O1000 号子程序进行加工
N100	G50.1X0Y0;	取消可编程镜像指令
N110	G51.1Y0;	采用可编程镜像指令
N120	M98P1000;	调用 O1000 号子程序进行加工
N130	G50.1;	取消可编程镜像指令
N140	G0Z50.0M5;	Z 向退刀返回
N150	M30;	程序结束

2）子程序

子程序见表 4-19。

表 4-19　数控加工程序卡片（子程序）

程 序 名	O1000;	
程 序 段 号	程　　序	注　　释
N10	G1X58.732Y0F100;	沿 X 轴和 Y 轴直线插补
N20	Z-5.0F100;	Z 向进刀
N30	G42G01Y-11.0D01;	建立刀具半径右补偿
N40	G02X47.732Y0R11.0;	顺时针圆弧插补
N50	G02X56.090Y28.284R50.0;	顺时针圆弧插补
N60	G03X28.284Y56.090R20.0;	逆时针圆弧插补
N70	G02X0Y47.732R11.0;	顺时针圆弧插补
N80	G40G01X0;	取消刀具半径补偿
N90	G0Z10.0;	Z 向退刀
N100	M99;	调用子程序结束

4.5.4　比例缩放指令

（1）比例缩放指令格式

① G51X__Y__Z__P__；

用 X、Y、Z 指定比例缩放中心坐标值的绝对值指令，P 指定整体图形的缩放比例。

② G51X__Y__Z__I__J__K__；

用 X、Y、Z 指定比例缩放中心坐标值的绝对值指令，I、J、K 指定 X 轴、Y 轴和 Z 轴对应的缩放比例。

（2）使用比例缩放指令时应注意的事项

① G51 指令功能须在单独的程序段内指定，G50 指令须在图形放大或缩小之后指定。

② 各轴等正比例缩放。比例缩放的最小增量单位是 0.001 或 0.00001，取决于参数 SCR(N0.5400#7)的设定。用参数 SCLx(N0.5401#0)设定执行缩放的坐标轴。如果比例 P 未在程序段（G51X__Y__Z__P__；）中指定，则使用参数 N0.5411 设定的比例。如果省略 X、Y 和 Z，则 G51 指令的刀具位置作为缩放中心。

③ 各轴用不同的比例缩放，当指定负比例时，形成镜像。

④ 各轴不等比例缩放。首先设定各轴分别缩放（镜像）的参数 XSC(N0.5400#6)，然后，设定各轴的比例参数 SCLx(N0.5401#0)。各轴的比例（I,J,K）的最小输入增量单位是 0.001 或 0.00001[设定参数（N0.5400#7）]。参数 N0.5421 设定各轴的比例，设定范围为＋0.00001～＋9.99999 或+0.001～+999.999。如果在程序中不指定比例 I、J 或 K，则参数 N0.5421 设定的比例有效。但是，参数中应设定 0 以外的值。

⑤ 小数点编程不能用于指定比例（I,J,K）。

（3）参数设置方法

① 当各轴缩放倍率相同时：

a．使参数可以修改；

b．按表格改参数，如表 4-20 所示；

表 4-20　参数更改表

先后次序	参数	编号位	设定状态	备　注
1	8132	#5	SCL=1	是否使用缩放(0：不使用；1：使用)
2	5400	#6	XSC=0	轴缩放（0：所有轴的缩放倍率用 P 指令；I：各轴的缩放倍率用 I、J、K 指令）
3	5400	#7	SCR=1	缩放倍率单位（0：0.00001 倍；1：0.001 倍）
4	5401	#0	X　　1 Y　　1 Z　　1	各轴缩放（0：缩放无效；1：缩放有效）

c．使参数不可以修改。

② 各轴缩放倍率不相同时：

a．使参数可以修改；

b．按表格改参数，如表 4-21 所示；

表 4-21　参数更改表

先后次序	参数	编号位	设定状态	备　注
5	5400	#6	XSC=1	轴缩放（0：所有轴的缩放倍率用 P 指令；I：各轴的缩放倍率用 I、J、K 指令）
6	5421		X　　1 Y　　1 Z　　1	设定各轴的缩放倍率

c．使参数不可以修改。

（4）应用实例

比例缩放应用实例如图 4-34 所示。

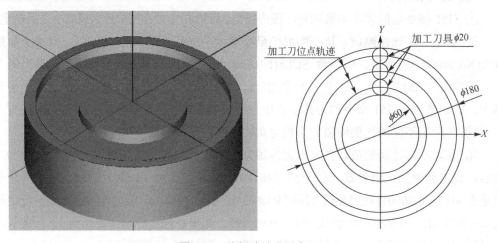

图 4-34　比例缩放应用实例

（5）加工程序

采用刀位点进行编程，利用等比例缩放功能之前必须首先计算出缩放比例。计算过程如下：

（40.0，0）——程序中的应用比例 1∶1；

（60.0，0）——程序中的应用比例 1.5∶1；

（80.0，0）——程序中的应用比例 2.0：1。

1）主程序

主程序见表 4-22。

表 4-22　数控加工程序卡片（主程序）

程序名		O0008；
程序段号	程　序	注　释
N10	T1M6；	换 1 号刀（ϕ20mm 平底刀）
N20	G90G54G0X40.0Y0S600M3；	主轴正转，转速 600r/min
N30	Z50.0；	Z 向快速定位至工件附近
N40	Z10.0；	Z 向进刀
N50	M98P1005；	调用 O1005 号子程序进行加工
N60	G51X0Y0I1500J1500K1000；	采用比例缩放指令加工
N70	M98P1005；	调用 O1005 号子程序进行加工
N80	G51X0Y0I2000J2000K1000；	采用比例缩放指令加工
N90	M98P1005；	调用 O1005 号子程序进行加工
N100	G50；	取消比例缩放指令加工
N110	G0Z50.0M5；	Z 向快速退刀返回
N120	M30；	程序结束

2）子程序

子程序见表 4-23。

表 4-23　数控加工程序卡片（子程序）

程序名		O1005；
程序段号	程　序	注　释
N10	G00X40.0Y0；	沿 X 轴和 Y 轴快速定位
N20	Z10.0；	Z 向快速定位
N30	G01Z-5.0F100；	Z 向进刀
N40	G02I-40.0；	顺时针圆弧插补
N50	G00Z10.0；	沿 Z 向退刀
N60	M99；	子程序结束

4.5.5　任意角度倒角/拐角圆弧功能

（1）任意角度倒角/拐角圆弧指令格式

＿＿C＿＿；倒角

＿＿R＿＿；拐角圆弧过渡

（2）使用任意角度倒角/拐角圆弧指令时应注意的事项

① 平面选择。倒角和拐角圆弧过渡只能在 G17、G18 或 G19 指定的平面执行。平行轴不能执行这些功能。

② 对于下一个程序段的要求。指定倒角或拐角圆弧过渡的程序段，必须跟随一个用直线插补 G01 或圆弧插补 G02 或 G03 指令的程序段，如果下一个程序段不包含这些

指令，则会出现 P/S 报警 No.052。

③ 平面切换。只能在同一平面内执行的移动指令才能插入倒角或拐角圆弧过渡程序段，在平面切换之后（指定了 G17、G18 或 G19）的程序段中，不能指定倒角或圆角圆弧过渡。

④ 超过运动范围。如果插入的倒角或圆弧过渡的程序段引起刀具超过原插补移动的范围，则会发出 P/S 报警 No.055。

⑤ 坐标系。在坐标系变动 G92 或 G52～G59，或执行返回参考点 G28～G30 之后的程序段中不能指定倒角或圆角圆弧过渡。

⑥ 移动距离为 0。当执行两个直线插补程序段时，如果两个直线之间的角度是+1°以内，那么倒角或拐角圆弧过渡程序段被当作一个移动距离为 0 的移动。当执行直线插补和圆弧插补程序段时，如果直线和在交点处的圆弧的切线之间的夹角在+1°以内，那么拐角圆弧过渡程序段被当作移动距离为 0 的移动。当执行两个圆弧插补程序段时，如果在交点处的圆弧切线之间的角度在+1°以内，那么拐角圆弧过渡程序段被当作移动距离为 0 的移动。

⑦ 不可用的 G 代码。00 组 G 代码（除 G04 以外）和 16 组的 G68 代码，均不能用在指定倒角和拐角圆弧过渡程序段中，它们也不能用在决定一个连续形状的倒角和拐角圆弧过渡的程序段。

⑧ 螺纹加工。拐角圆弧过渡不能在螺纹加工程序段中指定。

⑨ DNC 操作。DNC 操作不能使用任意角度倒角和拐角圆弧过渡。

（3）应用实例

任意角度倒角/拐角圆弧应用实例

任意角度倒角/拐角圆弧应用实例如图 4-35 所示。

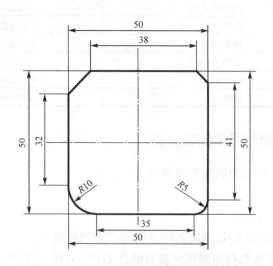

图 4-35　任意角度倒角/拐角圆弧应用实例

（4）加工程序

加工程序见表 4-24。

表 4-24　数控加工程序卡片

程 序 名	O2018；	
程 序 段 号	程　　序	注　　释
N10	T1M6；	换 1 号刀
N20	G90G54G0X0Y-25.0S600M3；	主轴正转，转速 600r/min
N30	G43Z50.0H1；	建立刀具长度正补偿
N40	Z10.0；	Z 轴快速定位至工件附近
N50	G1Z-5.0F100；	Z 向进刀
N60	X25.0R5.0；	加工直线及 R5.0 圆弧
N70	Y25.0C4.0；	加工直线及单边为 4 直倒角
N80	X-25.0C8.0；	加工直线及单边为 8 直倒角
N90	Y-25.0R10.0；	加工直线及 R10 圆弧
N100	X0；	沿 X 轴直线插补
N110	G0Z50.0M5；	主轴停止，Z 方向退刀返回
N120	M30；	程序结束

4.5.6　数控铣床/加工中心子程序

编程时，为了简化程序的编制，当一个工件上有相同的加工内容或分层加工零件时，常用调子程序的方法进行编程。调用子程序的程序叫作主程序。

（1）子程序的定义

在编制加工程序中，有时会出现有规律、重复出现的程序段。将程序中重复的程序段单独抽出，并按一定格式单独命名，称之为子程序。

（2）子程序的格式

M98 P＿＿＿＿＿＿＿＿＿＿ ；

M99；

其中，M98 调用子程序；M99 子程序调用结束；P 表示子程序调用情况。

P 后共有 8 位数字，前 4 位为调用次数，省略时为调用一次；后 4 位为所调用的子程序号，子程序名由操作者自行命名。

（3）子程序的调用

采用子程序格式编程时，调用次数为一次时可以省略不写，单子程序名中的 "0" 不可省略。例如，"M98P0003；"表示调用子程序 "O0003" 一次。子程序的调用执行过程如表 4-25 所示。

表 4-25　子程序的调用应用表

主　程　序		子　程　序
O0008；		O0003；
N10……；		……；
N20 M98 P0003 ；		……；
……；		M99；
……；		

（4）子程序的嵌套

为了充分发挥调用子程序的功能，使我们编写程序更加方便和简化，可以让子程序调用另一个子程序，我们把这一功能叫作子程序的嵌套。主程序调用子程序时，该子程序被认为是一级子程序，系统不同，其子程序的嵌套级数也不同，FANUC 系统可以实现子程序四级嵌套，如图 4-36 所示。

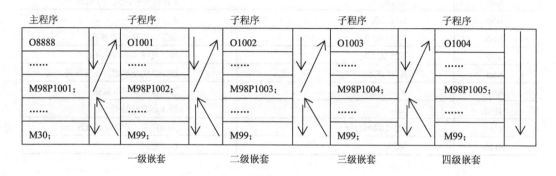

图 4-36　子程序四级嵌套

（5）子程序的注意事项

① 主、子程序结构区别。相同：都是完整的程序，包括程序号、程序段、程序结束指令；不同：程序结束指令不同（主程序，M02 或 M30；子程序，M99）。

子程序不能单独运行，由主程序或上层子程序调用执行。

② 主程序和子程序之间的模式代码的变换。需要注意做到及时进行 G90 与 G91 模式的变换，否则就会有机床运行的危险出现，如表 4-26 所示。

表 4-26　主程序与子程序的模式转换表

项　　目	O0001	O0002	
G90 模式	G90G54G00；	G91……	
G91 模式	M98P0002；	……	子程序全部用 G91 模式
	……；	M99；	
G90 模式	G90……；		
	M30；		

（6）子程序的应用

图 4-37 为凸台零件，根据机床和刀具的刚性，要求分层铣削，利用数控铣床调用子程序的方法进行编程，并用数控铣床进行数控加工。

1）主程序

主程序见表 4-27。

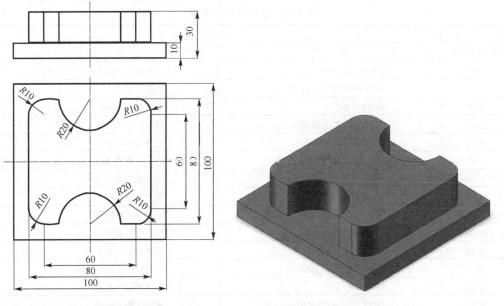

图 4-37　凸台零件

表 4-27　主程序的程序表

程 序 名	O8008;	
程序段号	程　　序	注　　释
N10	G90G80G49G40G98;	程序初始化
N20	M06T01;	换 1 号刀
N30	G90G54G00X-70.0Y-70.0;	刀具快速定位至工件附近
N40	M03S600M08;	主轴正转，切削液开
N50	G00Z30.0;	Z 向快速定位安全位置点
N60	G00Z4.0;	Z 向快速定位起始点
N70	G98P46666;	调用 O6666 号子程序 4 次进行粗加工
N80	G28Z100.0;	回机床参考点
N90	M05;	主轴停止
N100	M06T02;	换 2 号刀
N110	G90G17G40;	程序初始化
N120	M03S800;	主轴正转，转速 800r/min
N130	G00X-70.0Y-70.0;	刀具快速定位至工件附近
N140	Z-13.0;	Z 向进刀
N150	M98P6666;	调用 O6666 号子程序 1 次进行精加工
N160	G00Z100.0;	Z 向快速退刀返回
N170	G28;	回机床参考点
N180	M30;	程序结束

2）子程序

子程序见表 4-28。

表 4-28 子程序的程序表

程 序 名	O6006;	
程 序 段 号	程 序	注 释
N10	G91G01Z-7.0F50.0;	Z 向进刀（采用 G91 相对坐标）
N20	G90G41G00X-40.0Y-70.0D01;	快速靠近工件
N30	G01Y30.0F50;	沿 Y 轴直线插补
N40	G02X-30.0Y40.0R10.0;	顺时针圆弧插补
N50	G01X-20.0;	沿 X 轴直线插补
N60	G03X20.0Y40.0R20.0;	逆时针圆弧插补
N70	G01X30.0;	沿 X 轴直线插补
N80	G02X40.0Y30.0R10.0;	顺时针圆弧插补
N90	G01Y-30.0;	沿 Y 轴直线插补
N100	G02X30.0Y-40.0R10.0;	顺时针圆弧插补
N110	G01X20.0;	沿 X 轴直线插补
N120	G03X-20.0Y-40.0R20.0;	逆时针圆弧插补
N130	G01X-30.0;	沿 X 轴直线插补
N140	G02X-40.0Y-30.0R10.0;	顺时针圆弧插补
N150	G03X-45.0Y-15.0R15.0;	逆时针圆弧插补（圆弧切出）
N160	G91G00Z1.0;	加工 Z 向退刀
N170	G90G00G40X-70.0Y-70.0;	取消刀具半径补偿，退至安全点
N180	M99;	子程序结束

4.6 宏程序功能

（1）宏程序的定义

由用户编写的专用程序，它类似于子程序，可用规定的指令作为代号，以便调用。宏程序的代号称为宏指令。宏程序的特点是：宏程序可使用变量，可用变量执行相应操作；实际变量值可由宏程序指令赋给变量。

（2）使用宏程序时应注意的事项

1）变量表示

#I（I=1，2，3……）或#[式子]

例 #5，#109，#501，#[#1＋#2-12.]。

2）变量的使用

① 地址字后面指定变量号或公式。

格式：<地址字>#I

　　　<地址字>—#I

　　　<地址字>[式子]

例 F#103，设#103＝150，则为 F150；

　　Z-#110，设#110＝250，则为 Z-250；

　　X [#24＋[#18*COS [#1]]]。

② 变量号可用变量代替。

例 #[#30]，设#30＝3 则为#3。

③ 程序号、顺序号和任选程序段跳转号不能使用变量。

例 下述方法不允许：

O#1;

/#2G0X100.0;

N#3Z200.0;

④ 变量号所对应的变量，对每个地址来说，都有具体数值范围。

例 #30＝1100 时，则 M#30 是不允许的。

⑤ #0 为空变量，没有定义变量值的变量也是空变量。

⑥ 变量值定义：程序定义时可省略小数点，例：#123＝149。

3）变量的类型

变量根据变量号可以分为四种类型，其类型及功能见表4-29。

表 4-29 变量的类型及功能

变 量 号	变 量 类 型	功 能
#0	空变量	该变量总是空，没有值赋给该度量
#1～#33	局部变量	局部变量只能用在宏程序中存储数据，例如，运算结果 当断电时，局部变量被初始化为空，调用宏程序时，自变量对局部变量赋值
#100～#199	公共变量	公共变量在不同的宏程序中的意义相同
#500～#999		当断电时，变量#100～#199 初始化为空。变量#500～#999 的数据保存，即使断电也不丢失
#1000 以上	系统变量	系统变量用于读和写 CNC 的各种数据，例如，刀具的当前位置和补偿值等

4）变量值的范围

局部变量和公共变量可以为 0 值或下面范围中的值：$-10^{47} \sim -10^{-29}$ 或 $10^{-29} \sim 10^{47}$。

5）变量的引用

① 在地址后指定变量号即可引用其变量值。当用表达式指定变量时，要把表达式放在括号中。

例如：G1X[#1+#2]F#3；

被引用变量的值会依据地址的最小设定单位自动地进行取舍。

例如：当系统的最小输入增量为 1/1000mm 单位，指定 G00X#1，并将 12.3456 赋值给变量#1，实际指定值为 G00X12.346；

② 改变引用变量值的符号，要把负号（－）放在#的前面。

例如：G00X-#1；

③ 当引用未定义的变量时，变量及地址字都被忽略。

例如：当变量#1 的值是 0，并且变量#2 的值是空时，G00X#1Y#2 的执行结果为 G00X0。

（3）宏程序运算规则

运算式的右边可以是常数、变量、函数、式子，式中#J、#k 也可以为常量，式子右边为变量号、运算式。

1）定义

#I＝#J

2）算术运算

#I＝#J+#k

#I＝#J−#k

#I＝#J*#k

#I＝#J /#k

3）逻辑运算

#I＝#JOR#k

#I＝#JXOR#k

#I＝#JAND#k

4）函数运算

#I＝SIN [#J]	正弦
#I＝COS [#J]	余弦
#I＝TAN [#J]	正切
#I＝ATAN [#J]	反正切
#I＝SQRT [#J]	平方根
#I＝ABS [#J]	绝对值
#I＝ROUND [#J]	四舍五入化整
#I＝FIX [#J]	上取整
#I＝FUP [#J]	下取整
#I＝BIN [#J]	BCD→BIN（二进制）
#I＝BCN [#J]	BIN→BCD

说明：

① 角度单位为度（°）。

例　90°30'为 90.5°。

② ATAN 函数后的两个边长要用"1"隔开。

例　#1＝ATAN 1 / [−1]时，#1 为 135.0。

③ ROUND 用于语句中的地址，按各地址的最小设定单位进行四舍五入。

例　设#1＝1.2345，#2＝2.3456，设定单位 1μm。

G91　X−#1；X−1.235

X−#2　F300；X−2.346

X[#1＋#2]；X3.580

未返回原处，应改为 X ROUND [#1]＋ROUND [#2]；

④ 取整后的绝对值比原值大为上取整，反之为下取整。

例　设#1＝1.2，#2＝−1.2 时：

若#3＝FUP#1，则#3＝2.0；

若#3＝FIX#1，则#3＝1.0；

若#3＝FUP#2，则#3＝－2.0；

若#3＝FIX#2，则#3＝－1.0。

⑤ 指令函数时，可只写开头 2 个字母。

例　ROUND→RO

FIX→FI

⑥ 优先级。

函数→乘除（*，/，AND）→加减（+，-，OR，XOR）。

例　#1＝#2+#3*SIN [#4]；

⑦ 括号为中括号，最多 5 重，圆括号用于注释语句。

例　#1＝SIN [[[#2 +#3]*#4+#5]] *#6；（3 重）

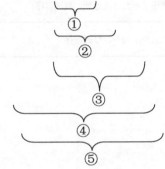

（4）用户宏程序报警及处理方法

在使用用户宏程序时，在程序运行中会出现以下报警，现将报警序号、信息、处理方法列于表 4-30。

表 4-30　宏程序报警信息表

序号	信　　　息	处　　　理
112	DIVIDED BY ZERO 被零除	除数指定为 0（包括 TAN90°），修改程序
113	IMPROPERCOMMAND 不正确的指令	在用户宏程序中指令了不能使用的功能，修改程序
114	FORMAT ERROR IN MARCO 宏程序中格式错误	宏程序<公式>的格式中有错误，修改程序
115	ILLEGAL VARIABLE NVMBER 非法变量号	在用户宏程序或高速循环切削中，将不能指定的值指定为变量号，修改程序
116	WRITE PROTECTED VARIABLE 写保护变量	赋值语句的左侧是一个不允许的变量，修改程序
118	PARENTHESIS NESTING　ERROR 括号嵌套错误	括号的嵌套数超过了上极限（5 重），修改程序
119	ILLEGAL ARGUMENT 非法自变量	SQRT 自变量为负，BCD 自变量为负，或在 BIN 自变量各行出现了 09 以外的值，修改程序

序号	信　息	处　理
122	FOUR FOLD MARCO MODAL-CALL 4 种宏模态调用	宏模态调用和宏调用被嵌套 4 层，修改程序
123	CAN NOT USE MARCO COMMAND IN DNC DNC 中不能使用宏指令	在 DNC 操作期间使用了宏程序控制指令，修改程序
124	ILLEGAL LOOP NOMBER 缺少结束语句	DO-END 不是 1∶1 对应，修改程序
125	FORMAT ERROR IN MARCO 宏程序中格式错误	<Formula>的格式中有错误，修改程序
126	ILLEGAL LOOP NOMBER 非法循环数	在 DO$_n$ 中，1≤n≤3 未满足，修改程序
127	NC MARCO STATEMENT IN SAME BLOCK 在同一程序段中有 NC 和宏语句	NC 和宏指令混用，修改程序
128	ILLEGAL MARCO SEQUENCE NUMBER 非法宏顺序号	在转移指令中定义的顺序号不是 0~9999，或者不能检索到它们，修改程序
129	ILLEGAL ARGUMENT ADDRESS 非法自变量地址	在自变量中使用了不允许的地址，修改程序
199	MARCO WORD UNDFEFNED 指令未定义的宏程序	未定义所用的宏程序指令，修改程序

（5）转移与循环指令的运用

1）无条件的转移

格式：GOTO　1；

　　　　GOTO　#10；

2）条件转移

格式：IF[条件式] GOTO n；

条件式：

#jEQ#k 表示＝

#jNE#k 表示≠

#jGT#k 表示>

#jLT#k 表示<

#jGE#k 表示≥

#jLE#k 表示≤

例　IF[#1GT10] GOTO100；

　　……

　　N100G00G91X10；

例　求 1~10 之和。

　　09500；

　　#1＝0；

　　#2＝1；

N1 IF[#2GT10]GOTO2；

```
    #1＝#1+#2;
    #2＝#2+1.;
    GOTO 1
 N2 M30.
```

3）循环

格式：WHILE[条件式] DO*m*；（*m*＝1，2，3）

　　　……

　　　……

　　　……

　　　END*m*；

说明：

① 条件满足时，执行 DO*m* 到 END*m*；不满足时，执行 END 后的程序段。

② 省略 WHILE 语句只有 DO*m* 到 END*m*，则从 DO*m* 到 END*m* 之间形成死循环。

③ EQ、NE 时，空和"0"不同，其他条件下，空和"0"相同。

椭圆加工程序见表 4-31。

图 4-31　椭圆加工程序

程 序 名		O2015；
程序段号	程　　序	注　　释
N10	#1=0；	椭圆长半轴
N20	#2=1；	椭圆短半轴
N30	WHILE [#2LE10] D01；	判断角度值是否到达终点，当条件不满足时，退出循环体
N40	#1＝#1+#2；	计算椭圆圆周上的点坐标
N50	#2=#2+1.；	计算椭圆圆周上的点坐标
N60	END1；	循环体结束
N70	M30；	程序结束

（6）应用实例

宏程序应用实例如图 4-38 所示（椭圆加工）。

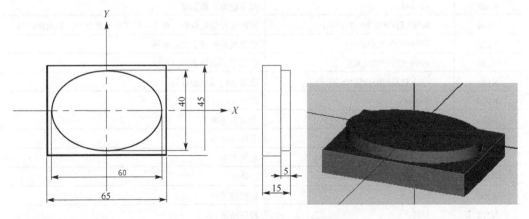

图 4-38　宏程序应用实例（椭圆加工）

1）零件图分析

如图 4-38 所示，要在一工件材质为 45 钢，尺寸为 65mm×45mm×15mm 的方料上加工图示椭圆（在此仅编制精加工程序）。

2）编程思路

此零件加工内容为椭圆，它由非圆曲线组成。利用三角函数关系求出椭圆上各点坐标，并把各点连在一起最终形成椭圆，这样从根本上极大地保证了椭圆的加工精度。

① 参数设定见表 4-32。

表 4-32　参数设定

参　　数	注　　释
#100=30.0	椭圆长半轴
#101=20.0	椭圆短半轴
#102=0	椭圆切削起点角度
#103=360.0	椭圆切削终点角度
#104=1.0	角度值每次增加量

② 加工程序见表 4-33。

表 4-33　数控加工程序卡片

程 序 名	O2016;	
程序段号	程　　序	注　　释
N10	T1M6;	换 1 号刀（φ16mm 平底刀）
N20	G90G54G00X0Y0S600M03;	建立工件第一坐系
N30	G0Z50.0;	Z 向快速定位工件附近
N40	Z10.;	Z 向进刀
N50	M8;	切削液打开
N60	#100=30.0;	椭圆长半轴
N70	#101=20.0;	椭圆短半轴
N80	#102=0;	椭圆切削起点
N90	#103=360.0;	椭圆切削终点
N100	#104=1.0;	角度值每次增加量
N110	WHILE[#102LE#103]D01;	判断角度值是否到达终点，当条件不满足时，退出循环体
N120	#105=#100*COS[#2];	计算椭圆圆周上的点坐标
N130	#106=#101*SIN[#2];	计算椭圆圆周上的点坐标
N140	G42G1X[#105]Y[#106]D1F120;	进给至轮廓点的位置
N150	Z-5.0;	Z 方向进给
N160	#102=#102+#104;	角度值递增
N170	END1;	循环体结束
N180	G40G1X50.0;	取消刀补
N190	G0Z50.0M05;	Z 向退刀
N200	M9;	切削液关闭
N210	M30;	程序结束

一、选择题

1. CNC 铣床加工程序中呼叫子程序的指令是（　　　）。
    A. G98　　　　　　B. G99　　　　　　C. M98　　　　　　D. M99

2. 刀具长度补偿值的地址用（　　　）。
    A. D　　　　　　　B. H　　　　　　　C. R　　　　　　　D. J

3. G92 的作用是（　　　）。
    A. 设定刀具的长度补偿值　　　　　B. 设定工件坐标系
    C. 设定机床坐标系　　　　　　　　D. 增量坐标编程

4. 数控机床的"回零"操作是指回到（　　　）。
    A. 对刀点　　　　B. 换刀点　　　　C. 机床的零点　　　　D. 编程原点

5. 在 G43G01Z15.0H15 语句中，H15 表示（　　　）。
    A. Z 轴的位置是 15　　　　　　　B. 刀具表的地址是 15
    C. 长度补偿值是 15　　　　　　　D. 半径补偿值是 15

6. 下列 G 指令中（　　　）是非模态指令。
    A. G00　　　　　　B. G01　　　　　　C. G04　　　　　　D. G02

7. G17、G18、G19 指令可用来选择（　　　）平面。
    A. 曲线插补　　　B. 直线插补　　　C. 刀具半径补偿　　　D. 圆弧插补

8. 在铣削工件时，若铣刀的旋转方向与工件的进给方向相反称为（　　　）。
    A. 顺铣　　　　　　B. 逆铣　　　　　　C. 对称铣　　　　　D. 非对称铣

9. 辅助功能代码中表示无条件程序暂停的指令是（　　　）。
    A. M00　　　　　　B. M01　　　　　　C. M02　　　　　　D. M30

10. 加工箱体类零件的一般加工顺序是（　　　）。
    A. 先孔后面，基准面先行　　　　B. 先面后孔，基准面先行
    C. 先孔后面　　　　　　　　　　D. 先面后孔

11. 程序结束，执行光标返回程序开始段所用指令为（　　　）。
    A. M03　　　　　　B. M30　　　　　　C. G30　　　　　　D. M02

12. 刀具半径左补偿指令为(　)。
    A. G41　　　　　　B. G42　　　　　　C. G40　　　　　　D. G43

13. 子程序的调用指令为（　　　）。
    A. G98　　　　　　B. M98　　　　　　C. M99　　　　　　D. G97

14. ISO 规定增量尺寸方式的指令为（　　　）。
    A. G90　　　　　　B. G91　　　　　　C. G92　　　　　　D. G93

15. 在数控铣床上用φ20mm 铣刀执行下列程序后，其加工圆弧的直径尺寸是（　　　）。

N1G90G17G41X18.0Y24.0M03H06

N2G02X74.0Y32.0R40.0F180

（刀具半径补偿偏置值是ϕ20.2mm）

  A. ϕ80.2mm B. ϕ80.4mm C. ϕ79.8mm D. ϕ80.0mm

16. 在数控铣床上铣一个正方形零件(外轮廓)，如果使用的铣刀直径比原来小 1mm，则计算加工后的正方形尺寸差（ ）。

  A. 小 1mm B. 小 0.5mm C. 大 1mm D. 大 0.5mm

17. 数控机床的标准坐标系是以（ ）来确定的。

  A. 右手笛卡儿直角坐标系   B. 绝对坐标系

  C. 相对坐标系   D. 工件坐标系

18. 程序中指定了（ ）时，刀具半径补偿被撤销。

  A. G40 B. G41 C. G42 D. G49

19. 刀尖半径左补偿方向的规定是（ ）。

  A. 沿刀具运动方向看，工件位于刀具左侧

  B. 沿工件运动方向看，工件位于刀具左侧

  C. 沿工件运动方向看，刀具位于工件左侧

  D. 沿刀具运动方向看，刀具位于工件左侧

20. 绕 X 轴旋转的回转运动坐标轴是（ ）。

  A. A 轴 B. B 轴 C. Z 轴 D. C 轴

21. G17、G18、G19 指令可用来选择（ ）的平面。

  A. 曲线插补 B. 直线插补 C. 刀具半径补偿 D. 刀具长度补偿

22. 加工中心与数控铣床的主要区别是（ ）。

  A. 数控系统复杂程度不同   B. 机床精度不同

  C. 有无自动换刀系统   D. 加工原理不同

23. 数控铣床的默认加工平面是（ ）。

  A. XY 平面 B. XZ 平面 C. YZ 平面 D. 垂直面

24. 确定数控机床坐标轴时，一般应先确定（ ）。

  A. X 轴 B. Y 轴 C. Z 轴 D. A 轴

25. 数控系统所规定的最小设定单位就是（ ）。

  A. 数控机床的运动精度   B. 机床的加工精度

  C. 脉冲当量   D. 数控机床的传动精度

26. 加工（ ）零件，宜采用数控加工设备。

  A. 大批量   B. 多品种中小批量

  C. 单件   D. 形状简单

二、判断题

1. 产生加工硬化主要是由刀尖圆弧半径太大造成的。（ ）

2. 在铣床上加工表面有硬皮的毛坯零件时，应采用逆铣切削。（ ）

3. 在轮廓铣削加工中，若采用刀具半径补偿指令编程，刀补的建立与取消应在轮

廓上进行，这样的程序能保证零件的加工精度。（　　）

4. 在立式铣床上铣削曲线轮廓时，立铣刀的直径应大于最小凹圆弧的直径。（　　）

5. 子程序的第一个程序段为最后一个程序段必须用 G00 指令进行定位。（　　）

6. G40 是数控编程中的刀具左补偿指令。　（　　）

7. 圆弧插补用半径编程时，当圆弧所对应圆心角大于180°时，半径值取负值。（　　）

8. 数控铣床开机后，必须先进行返回参考点操作。（　　）

9. 在铣削一个凹槽的拐角时，很容易产生过切。为避免这种现象的产生，通常采取的措施是降低进给速度。（　　）

10. G00 和 G01 指令的运行轨迹一样，只是速度不一样。（　　）

三、填空题

1. "G76X__Y__Z__R__F__P__Q__;" 中的 Q 指的是（　　　）。

2. 确定轴向移动尺寸时，应考虑刀具的（　　　）和（　　　）。

3. 深孔钻加工循环指令有（　　　）、（　　　）。

4. 周铣时用（　　　）方式进行铣削，铣刀的耐用度较高，获得加工平面的表面粗糙度值也较小。

5. 程序结束并且光标返回程序头的代码是（　　　）。

6. 铣刀按切削部分材料分类，可分为（　　　）铣刀和（　　　）铣刀。

7. 为了降低切削温度，目前采用的主要方法是切削时冲注切削液。切削液的作用包括（　　）、（　　）、（　　）和清洗作用。

8. 切削用量三要素是指主轴转速（切削速度）、（　　）、（　　）。对于不同的加工方法，需要不同的（　　　），并应编入程序单内。

9. 在铣削零件的内外轮廓表面时，为防止在刀具切入、切出时产生刀痕，应沿轮廓（　　　）方向切入、切出，而不应（　　　）方向切入、切出。

10. 在轮廓控制中，为了保证一定的精度和编程方便，通常需要有刀具（　　　）和（　　　）补偿功能。

四、简答题

1. 简述 G00 与 G01 程序段的主要区别。

2. 什么是刀具半径补偿和刀具长度补偿？

3. 数控铣削刀具材料的基本要求有哪些？

4. 简述顺铣与逆铣的区别。

5. 简述孔加工中 G73 和 G83 指令在加工孔中的区别。

6. 固定循环包括哪些基本动作？

7. M00、M02、M30 指令的区别是什么？

8. 为什么要使用刀具半径补偿指令？

9. 初始平面、R 点平面、孔底平面分别是什么？

10. 调用子程序时需要注意什么？

五、编程题

1. 编制如图 4-39 所示零件的加工程序并加工，毛坯材料为硬铝。

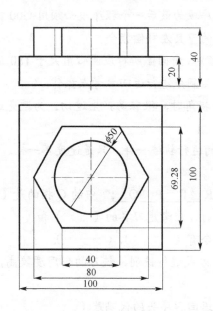

图 4-39　编程题 1 图

2. 编制如图 4-40 所示零件的加工程序并加工，毛坯材料为 45 钢。

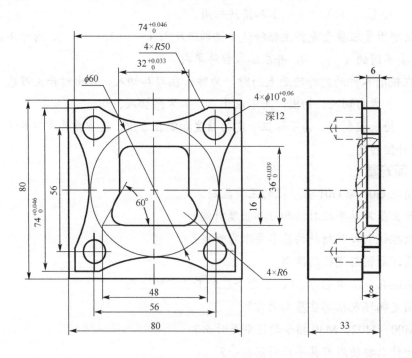

图 4-40　编程题 2 图

3. 编制如图 4-41 所示零件的加工程序并加工，毛坯材料为硬铝。

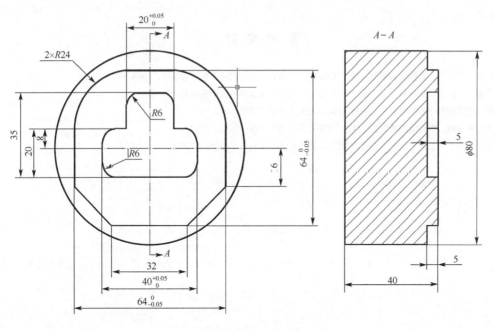

图 4-41　编程题 3 图

4. 编制如图 4-42 所示零件的加工程序并加工，毛坯材料为 45 钢。

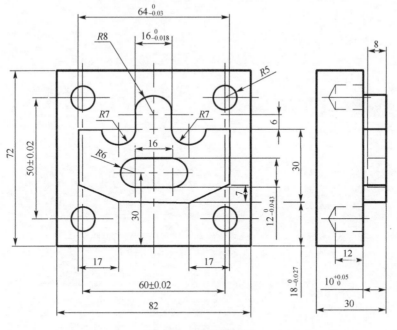

图 4-42　编程题 4 图

参 考 文 献

[1] 瞿瑞波，白一凡. 数控机床编程与操作实例[M]. 北京：中国劳动社会保障出版社，2005.

[2] 程启森，范仁杰. 数控加工工艺编程与实施[M]. 北京：北京邮电大学出版社，2016.

[3] 李锋. 数控宏程序应用技术及实例精粹[M]. 北京：化学工业出版社，2013.

[4] 陈华，林若森. 零件数控铣削加工[M]. 北京：北京理工大学出版社，2014.

[5] 张文. 数控加工工艺与编程项目式教程[M]. 武汉：华中科技大学出版社，2016.